服装设计
款式图手绘专业教程

唐伟（唐心野）李想
编著

人民邮电出版社
北京

图书在版编目（CIP）数据

服装设计款式图手绘专业教程 / 唐伟，李想编著
. -- 北京 : 人民邮电出版社，2021.1
ISBN 978-7-115-54791-0

Ⅰ. ①服… Ⅱ. ①唐… ②李… Ⅲ. ①服装设计－绘画技法－教材 Ⅳ. ①TS941.28

中国版本图书馆CIP数据核字(2020)第165508号

内容提要

这是一本讲解服装设计款式图手绘表现技法的专业教程。全书共 6 章，第 1 章讲解了服装设计款式图的作用、绘制要求、手绘方法、手绘工具和材料，第 2 章讲解了服装设计款式图模板的原理、制作方法和使用方法，第 3 章讲解了服装设计款式图的局部绘制方法，第 4 章至第 6 章分别讲解了女装、男装和童装款式图的绘制技法。为了便于读者更好地理解和掌握书中讲解的知识，第 4 章配备了教学视频。

本书适合服装设计师和服装设计专业的学生阅读，也可以作为其他服装设计从业者和爱好者的参考书。

◆ 编　　著　唐　伟（唐心野）　李　想
责任编辑　王振华
责任印制　马振武
◆ 人民邮电出版社出版发行　　北京市丰台区成寿寺路 11 号
邮编　100164　　电子邮件　315@ptpress.com.cn
网址　https://www.ptpress.com.cn
固安县铭成印刷有限公司印刷
◆ 开本：787×1092　1/16
印张：11　　　　2021 年 1 月第 1 版
字数：300 千字　　　　2025 年 5 月河北第 22 次印刷

定价：59.00 元

读者服务热线：(010) 81055410　印装质量热线：(010) 81055316
反盗版热线：(010) 81055315

前言

服装设计作为一门艺术和技术相结合的专业，包含了艺术创作、设计构想和实践落地等重要环节。服装的艺术设计是时装美的基础，工艺是服装成品落地的实践条件，而服装款式图则是连接艺术效果与成品制作的桥梁。作为设计师必备的专业技能，款式图的绘制应当呈现服装在平铺状态下的基本结构，包括对款式的廓形、基础比例和内部结构的准确表达等，它是体现业余爱好者和专业设计师基本素养的分水岭。

在实际的服装设计教学或工作中，会发现初学者通常有以下两个学习误区。

第一个误区：很多时候，初学者更乐于把注意力放在服装设计效果图上。因为效果图的直观性和趣味性，能让人产生更多情绪上的迷恋和创作上的满足感。相比之下，款式图的“枯燥”和“刻板”则会让他们望而却步。

其实，服装设计效果图和款式图对应的是服装设计环节中的不同阶段。如果说服装设计效果图是室内设计中的效果展示图，那么服装设计款式图就是施工队装修时所使用的施工图。效果图解决的是前端概念和效果的问题，而款式图解决的是后台和制作的问题。在某种程度上，两者同为一体，不应该厚此薄彼。在实际的服装工业化生产过程中，服装设计款式图的作用一般远大于服装设计效果图，而刚学服装设计的人通常意识不到这一点。

第二个误区：初学者在学习过程中对服装设计款式图的绘制缺乏严谨性和规范性的表达。

有经验的设计师都知道，服装设计款式图除了作为效果图的辅助说明，它在工厂流水线制作中的运用则更加广泛。从可执行层面讲，一般生产工艺单上都需要有标准款式图和详细的文字，用以说明设计细节和面辅料的应用等。从规范层面讲，服装设计款式图的绘制要为服装的下一步打板和制作提供重要的参考依据，因此严谨的技术规范要求必不可少。款式图的画法应强调制作工艺的科学性和结构比例的准确性，以保证所有参与服装生产环节的工作人员都能看得清、看得懂，看后一目了然。

基于初学者普遍的回避和生疏心理，本书针对款式图的绘制难点进行了归纳整理，分别通过“模板法”“比例法”“徒手绘制法”对常见的服装款式图的绘制进行了详细讲解，操作性非常强。希望服装设计爱好者和专业的服装设计师都能在学习本书的过程中有所收获。

服装行业日新月异，时尚款式层出不穷。作为从业者，唯有从基本款式和基础步骤入手，克服畏难心理，慢慢掌握服装款式的基本表现规律，才能理解服装款式设计万变不离其宗的道理，做到胸中有丘壑，下笔见乾坤。

编者

资源与支持

本书由“数艺设”出品，“数艺设”社区平台（www.shuyishe.com）为您提供后续服务。

配套资源：服装设计款式图绘制技法——女装篇实例的绘制演示视频。

资源获取请扫码

“数艺设”社区平台，为艺术设计从业者提供专业的教育产品。

与我们联系

我们的联系邮箱是szys@ptpress.com.cn。如果您对本书有任何疑问或建议，请您发邮件给我们，并请在邮件标题中注明本书书名及ISBN，以便我们更高效地做出反馈。

如果您有兴趣出版图书、录制教学课程，或者参与技术审校等工作，可以发邮件给我们；有意出版图书的作者也可以到“数艺设”社区平台在线投稿（直接访问 www.shuyishe.com 即可）。如果学校、培训机构或企业想批量购买本书或“数艺设”出版的其他图书，也可以发邮件联系我们。

如果您在网上发现针对“数艺设”出品图书的各种形式的盗版行为，包括对图书全部或部分内容的非授权传播，请您将怀疑有侵权行为的链接通过邮件发给我们。您的这一举动是对作者权益的保护，也是我们持续为您提供有价值的内容的动力之源。

关于“数艺设”

人民邮电出版社有限公司旗下品牌“数艺设”，专注于专业艺术设计类图书出版，为艺术设计从业者提供专业的图书、U书、课程等教育产品。出版领域涉及平面、三维、影视、摄影与后期等数字艺术门类，字体设计、品牌设计、色彩设计等设计理论与应用门类，UI设计、电商设计、新媒体设计、游戏设计、交互设计、原型设计等互联网设计门类，环艺设计手绘、插画设计手绘、工业设计手绘等设计手绘门类。

更多服务请访问“数艺设”社区平台www.shuyishe.com。我们将提供及时、准确、专业的学习服务。

目录

第1章

服装设计款式图概述

第2章

服装设计款式图模板的原理、制作和使用

第3章

服装设计款式图局部绘制方法

第4章

服装设计款式图绘制技法——女装篇

第5章 服装设计款式图绘制技法——男装篇

第6章

服装设计款式图绘制技法——童装篇

1.1 服装设计款式图的作用及绘制要求

1.2 服装设计款式图的手绘方法

1.3 服装设计款式图的手绘工具和材料

01
第1章 服装设计款式图概述

服装设计款式图也叫服装设计款式平面结构图，不仅在设计构思、廓形、细节、结构和工艺等方面有图解说明作用，而且在生产、陈列和销售等环节也起着沟通指导作用。因此，服装设计款式图的绘制应遵循相应的规范要求。画法上应强调工艺制作的科学性和结构比例的准确性，追求精准、清晰、细致和协调。服装设计款式图是根据不同服装的款式特征，并以人体外轮廓形和人体不同部位的长宽比例为依据完成绘制。服装设计款式图的分类形式较多，可以根据性别、年龄、季节、系列、风格和品种等进行分类。

1.1 服装设计款式图的作用及绘制要求

1.1.1 服装设计款式图的作用

1. 技术图纸

服装设计款式图是服装设计师与打板师、工艺师之间沟通交流的技术图纸，在服装生产过程中起着指导和规范的作用。需要用清晰的线条，准确地绘制出服装款式正背面的廓形特征、内部结构、缝制工艺和设计细节等。

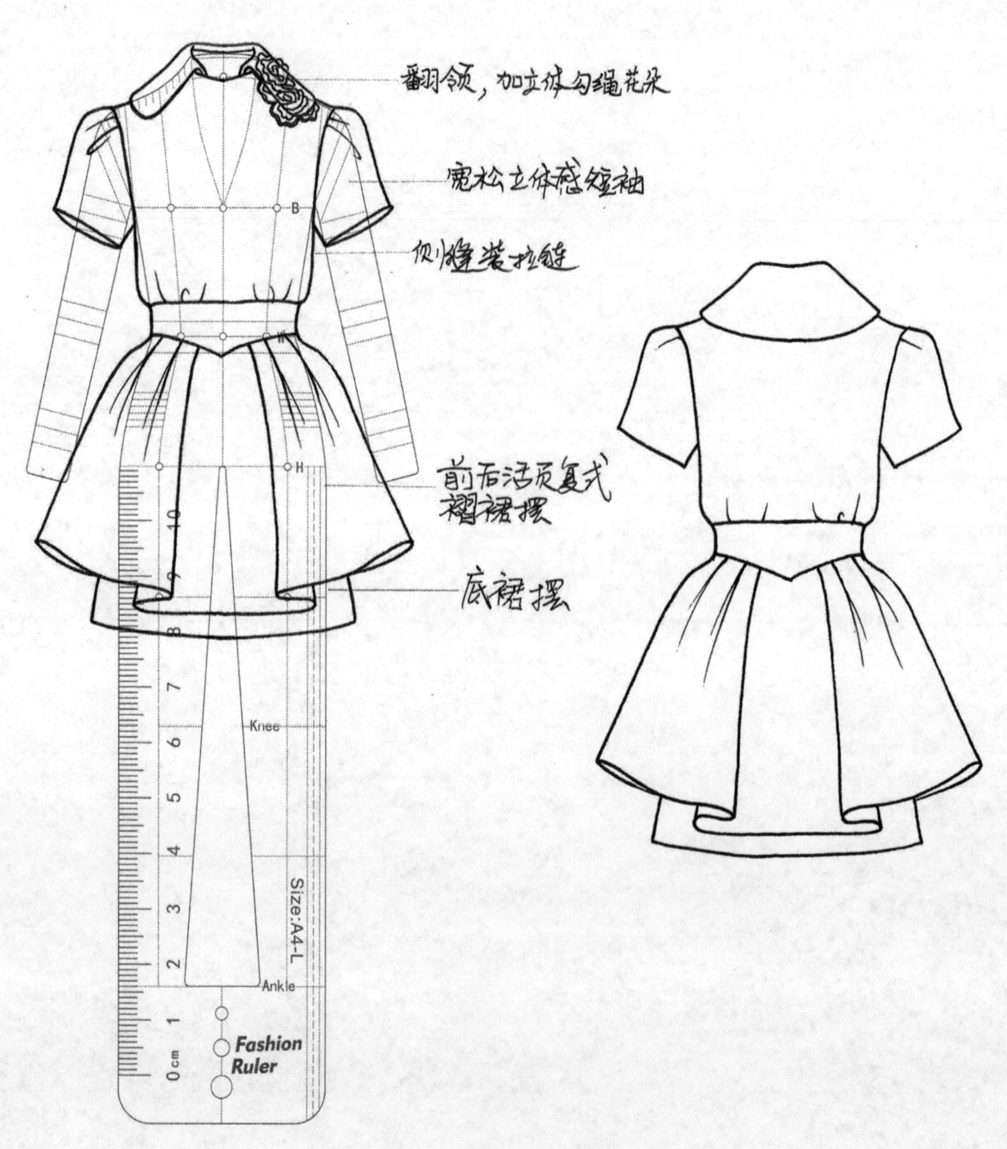

2. 构思图稿

服装设计款式图是设计师在产品开发时记录灵感、呈现设计理念的构思图稿，通常需要快速、随性地勾画出最初的设计想法，并加上相应的文字进行补充说明。

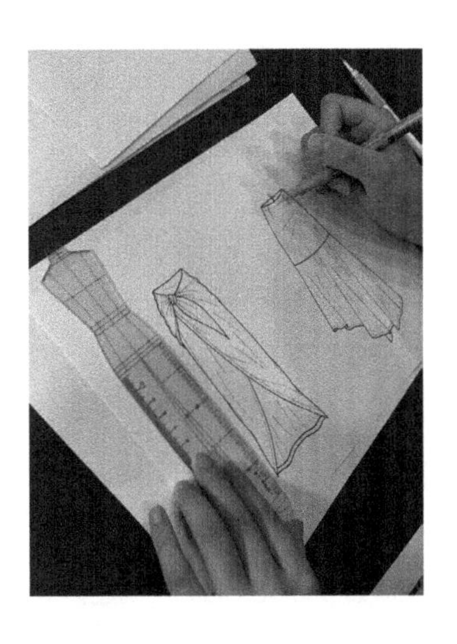

1.1.2 服装设计款式图的绘制要求

1. 比例关系

绘制服装设计款式图时，需要根据人体的肩、胸、腰、臀、肘关节、腕关节、前腰节长、大腿中部、膝关节、小腿中部、踝关节等部位的宽度及长度，依次从领子、衣身、袖子再到内部细节完成上装款式图的绘制，从腰头、裤身再到内部细节的顺序完成下装款式图的绘制。绘制时应把握好服装各部位间的比例关系，如肩、腰、臀的宽度比例，领口深、衣长、袖长的比例，领口宽与肩宽、腰宽与裤/裙长的比例，内部细节之间的比例关系等。 在一般情况下，无论是手绘的还是电脑软件绘制的服装设计款式图，都应该以人体各部位的比例关系作为绘制的参考依据。

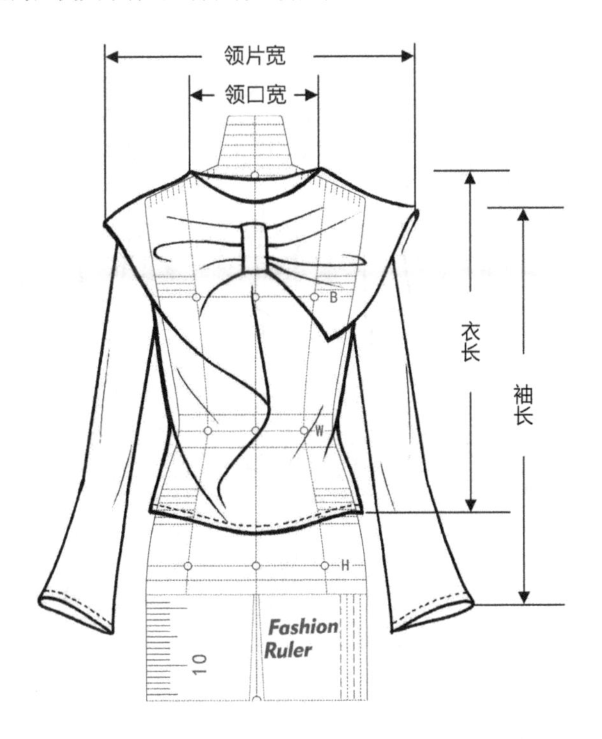

2. 部件结构

服装设计款式图的绘制注重服装部件结构的表达。服装部件结构亦称服装结构样式，是指服装外形结构中反映服装部件或零部件组合的形式。例如，前片和后片是吸腰还是宽腰，是收省还是分割；衣领属立领还是翻领，是圆领还是方领；衣袖属圆装袖还是插肩袖，是连袖还是装袖；袖与大身组合采用平缝结构还是倒缝结构，是分开缝还是包缝；门襟部位有单排扣、双排扣，双襟、偏襟、半襟，通开襟、正开襟、偏开襟、插肩开襟，明门襟、暗门襟，有缉止口或无缉止口结构；袋型有贴袋、开贴袋、插袋、挖袋等结构；是否有扣袢或是否有系带；后片做缝或不做缝，开后衩或无衩等结构。如果沿人的眉心、人中、肚脐画一条垂线，以这条垂线为中心，人体的左右两部分是对称的，所以服装的主体结构必然呈现出对称的形式特征。对称不仅符合服装的特点和规律，而且很多服装因对称而产生美感。因此，在服装设计款式图的绘制过程中，也要注意服装对称的结构规律。

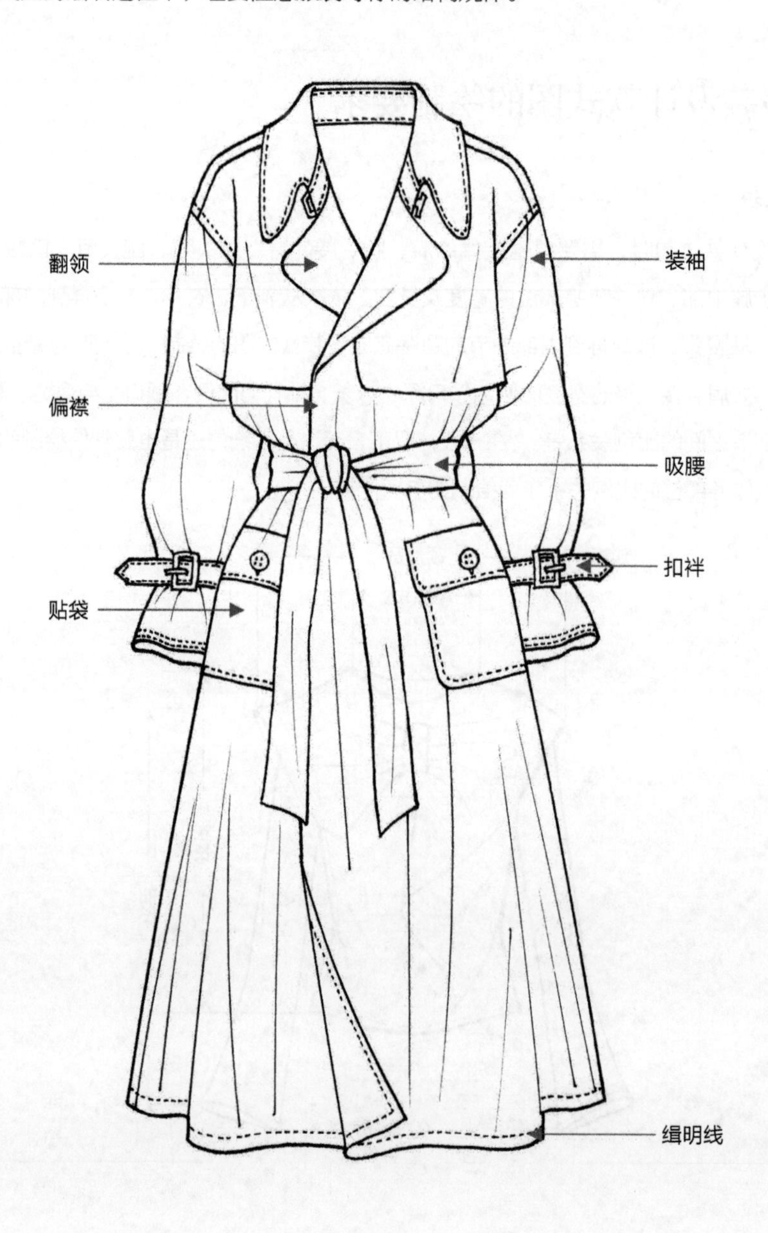

3. 线型规律

服装设计款式图要准确、清晰地用直线、曲线、直曲线表达不同的款式特征。直线给人以刚强、简练、庄重之感，可以借助直尺绘制有规律的直线；曲线具有柔美、优雅、弹性、律动之感，可以借助云尺和曲线板绘制有规律的曲线；直曲线具有刚柔相济之感，可以徒手或结合工具绘制。除此之外，还要用粗线、细线、虚线3种形式的线条来绘制服装款式图上的廓形线、结构线、衣纹线和工艺缝线等，用粗线绘制服装的外轮廓与内部结构，用细线绘制服装的细节与衣纹，用虚线绘制服装的工艺缝线。采用不同轻重的线可以表现面料的厚薄和软硬等质感，重线适合绘制厚重的面料，轻线适合绘制轻薄的面料。

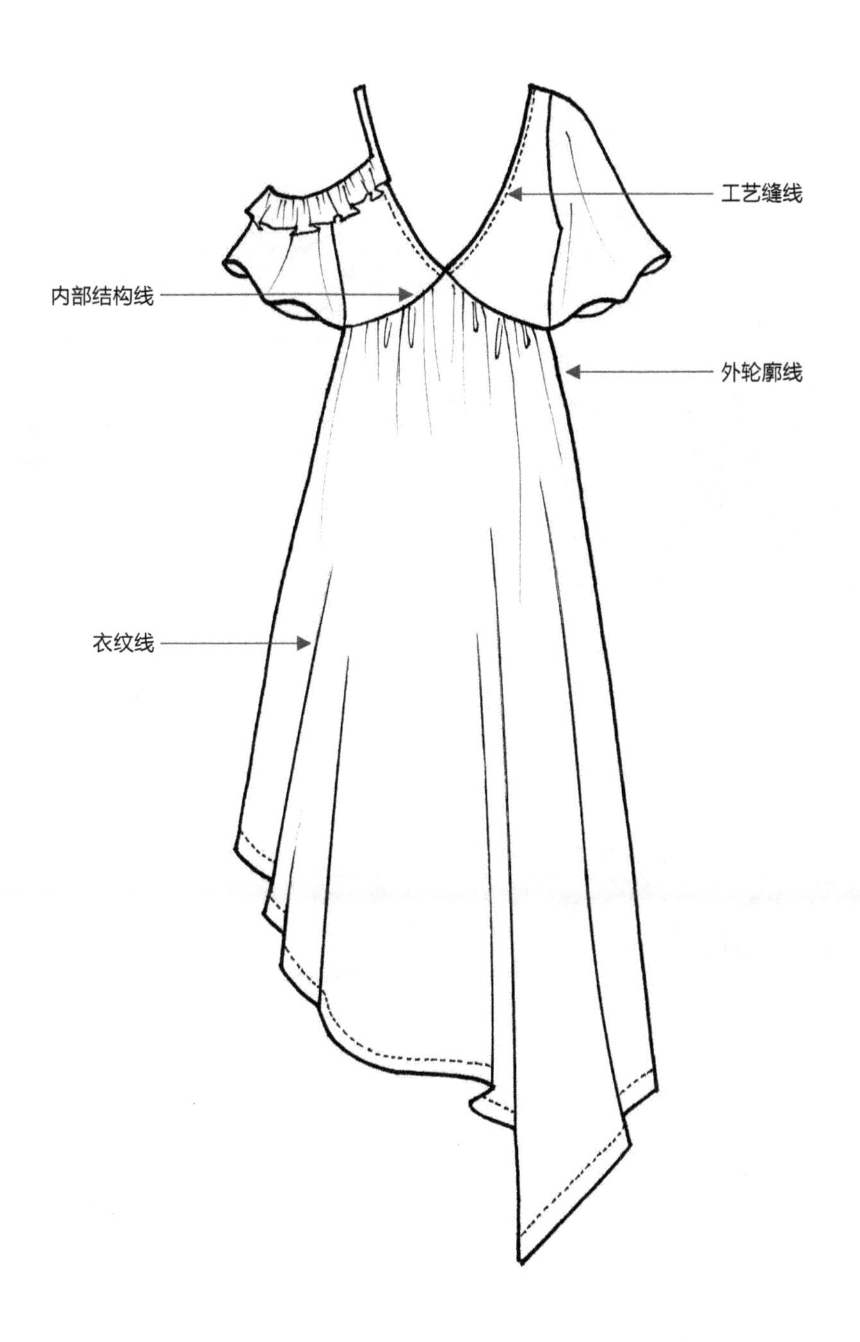

4. 文字说明和面料小样

服装设计款式图绘制完成后，为减少与打板师和工艺师的沟通成本，需要给款式图加上相应的文字说明，内容包括设计构思、部位尺寸（如衣长、裙长、裤长、袖长、裆长、袖口宽、裙摆宽、肩斜、前领深、后领深等部位的尺寸数据）、工艺制作要求（如明线的位置和宽度、服装印花的位置和特殊工艺要求、扣位、缝制工艺等），以及面料的搭配和款式图无法准确表达的其他细节等。

另外，服装设计款式图上要附上面料和辅料的小样（包括纽扣、花边、缝线和特殊的装饰材料等），为采购面料和辅料提供参考依据。

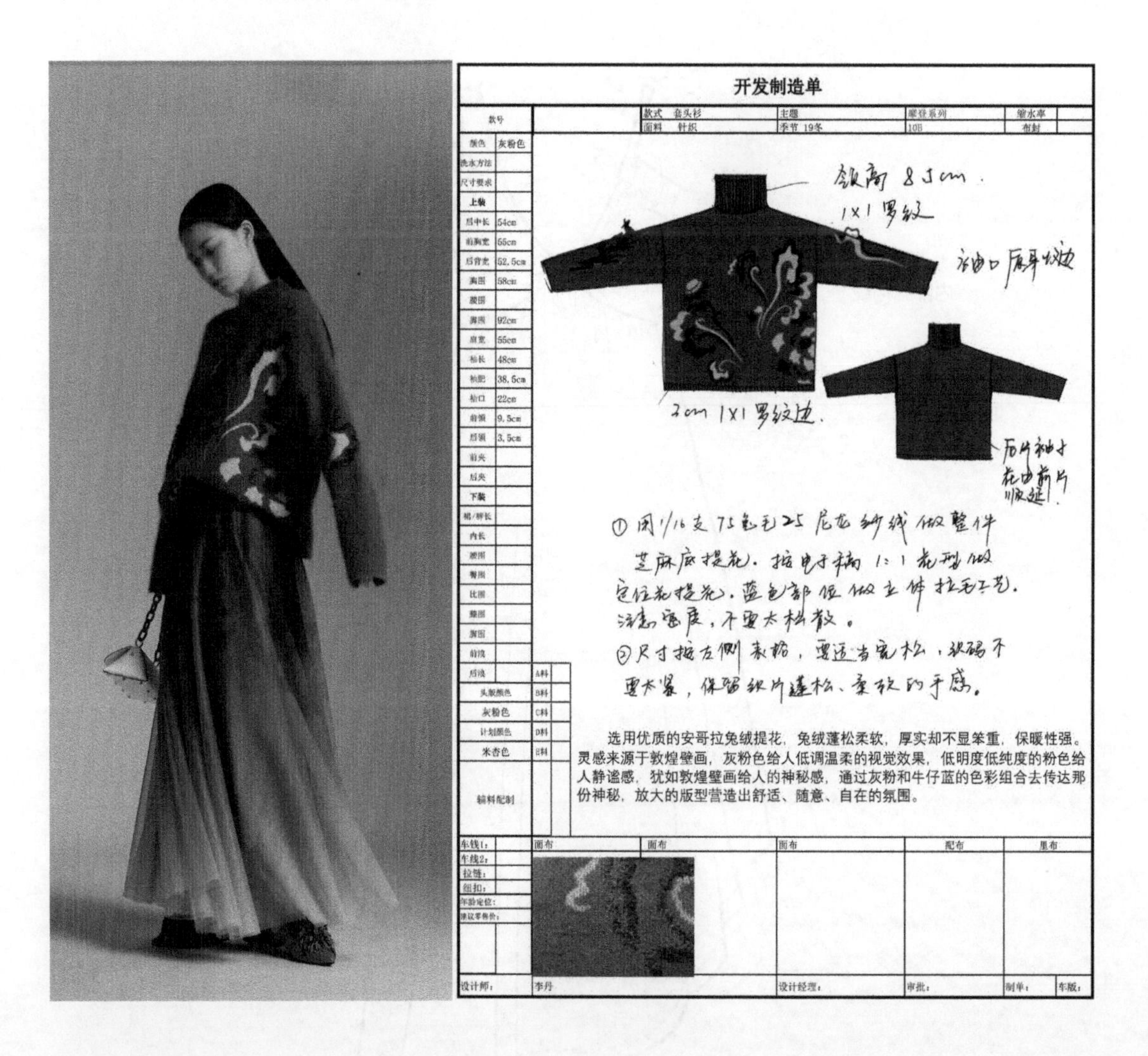
开发制造单

款号		款式 套头衫	主题	摩登系列	缩水率	
		面料 针织	季节 19冬	10B	布封	

项目	内容
颜色	灰粉色
洗水方法	
尺寸要求	
上装	
后中长	54cm
前胸宽	55cm
后背宽	52.5cm
胸围	58cm
腰围	
摆围	92cm
肩宽	55cm
袖长	48cm
袖肥	38.5cm
袖口	22cm
前领	9.5cm
后领	3.5cm
前夹	
后夹	
下装	
裙/裤长	
内长	
腰围	
臀围	
比围	
膝围	
脚围	
前浪	
后浪	A料
头版颜色	B料
灰粉色	C料
计划颜色	D料
米杏色	E料
辅料配制	

领高 8.5cm.
1X1 罗纹
袖口 原身收边
2cm 1X1 罗纹边.
后片袖子花由前片顺延.

① 用1/16支 75兔毛25尼龙 纱线 做整件芝麻底提花. 按电子稿 1:1 花型做定位花提花. 蓝色部位做立体拉毛工艺. 注意密度，不要太松散。
② 尺寸按左侧表格，要适当宽松，织码不要太紧，保留织片蓬松、柔软的手感。

选用优质的安哥拉兔绒提花，兔绒蓬松柔软，厚实却不显笨重，保暖性强。灵感来源于敦煌壁画，灰粉色给人低调温柔的视觉效果，低明度低纯度的粉色给人静谧感，犹如敦煌壁画给人的神秘感，通过灰粉和牛仔蓝的色彩组合去传达那份神秘，放大的版型营造出舒适、随意、自在的氛围。

车线1：	面布	面布	面布	配布	里布
车线2：					
拉链：					
纽扣：					
年龄定位：					
建议零售价：					

设计师：	李丹	设计经理：	审批：	制单：	车版：

5. 细节补充

服装款式细节图是为了将细节描述得更清楚而补充的一种表达形式。因此在绘制款式图的过程中，一定要注重设计细节的刻画，如果受画面大小影响而无法准确表达，则可以采用局部细节放大的方式来加强描述。

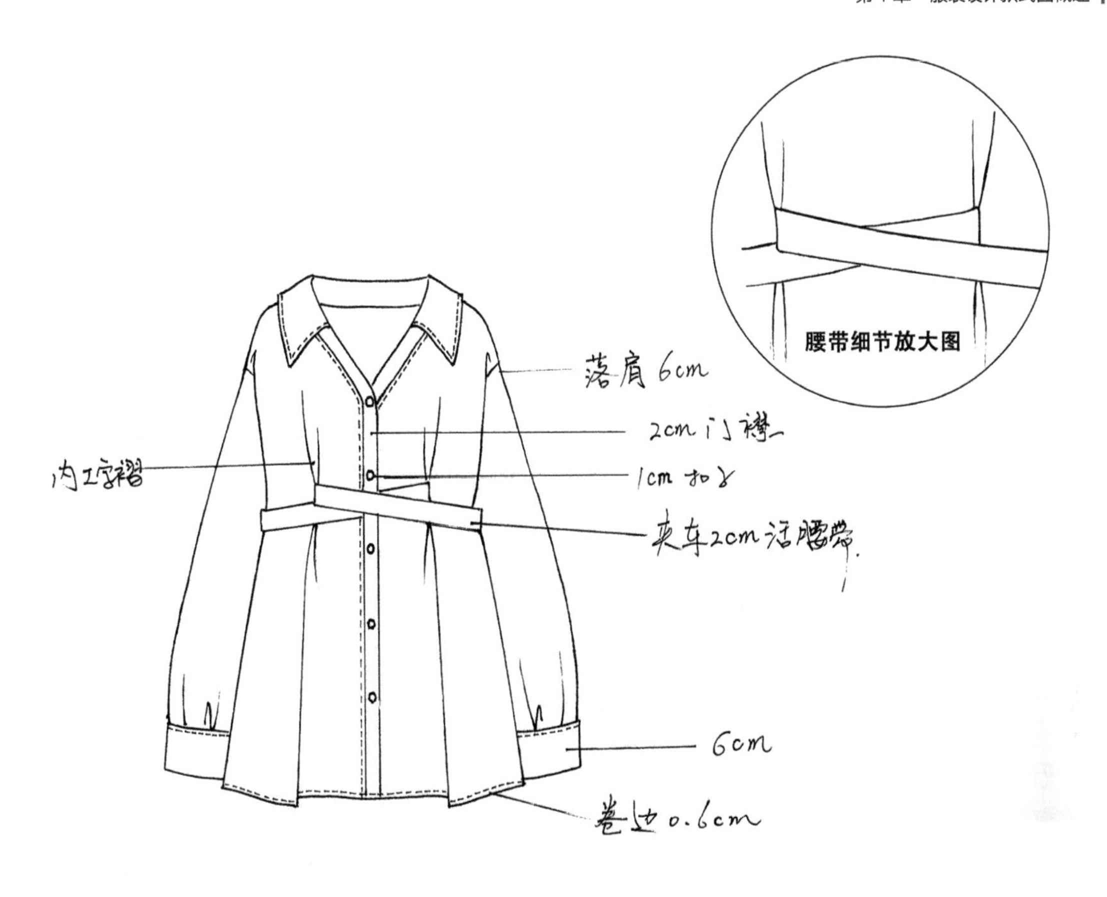

1.2 服装设计款式图的手绘方法

服装设计款式图的手绘方法主要有模板绘制法、比例绘制法和徒手绘制法。其中模板绘制法是一种非常高效的绘制方法，它解决了服装设计款式图比例难把握、左右结构难对称的痛点，深受服装设计爱好者、院校学生和企业设计师的喜爱。

1.2.1 模板绘制法

模板绘制法有两种形式：一种是借助服装设计款式图模板尺，先围绕模板尺的外边沿描绘出人体、人台、衣身和裤身的基本轮廓线，再参考颈围、胸围、腰围、臀围、大腿中部、膝关节、小腿中部、踝关节、中心线、肘关节、腕关节等主要标准线，在基本轮廓线和标准线的基础上，完成服装设计款式图的绘制；另一种是将人体、人台和衣形模板打印或复印在绘图纸上，参考其胸、腰、臀、中心线等，在基本轮廓线和标准线的基础上，完成服装设计款式图的绘制。由于模板绘制法简单、便捷、高效，因此在服装企业和服装设计院校中广泛使用。

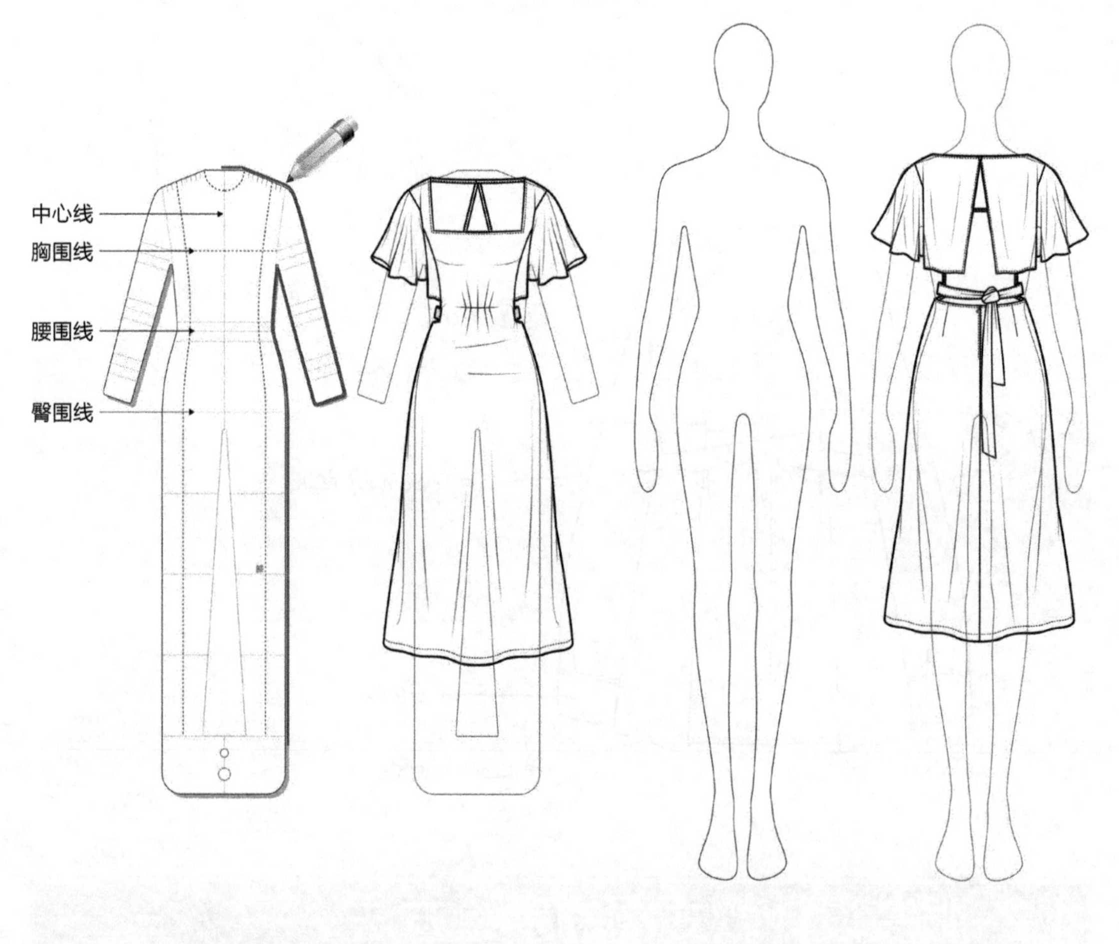

借助服装设计款式图模板尺绘制款式图　　在印有模板轮廓图的纸上绘制款式图

1.2.2 比例绘制法

比例绘制法是根据男性、女性和儿童人体的身高与四肢的长度，以及肩部、胸部、腰部、臀部的宽度等比例特征去绘制服装设计款式图。目前主要是以头顶到下巴的长度为头长标准，判定人体身高比例的关系。8头身（即身高是头长的8倍）被认为是理想的人体身高，如8头身女性人体，第1个头长是头顶至下巴，第2个头长是下巴至乳凸点，第3个头长是乳凸点至腰部，第4个头长是腰部至裆底，第5个头长是大腿部位，第6个头长的中间位置是膝关节，第7个头长是小腿中部，第8个头长是脚底。在绘制款式图前，需要先画好8个等分格，再根据各等分格所处的人体部位绘制服装设计款式图。下页图中3个头长的等分格可以绘制T恤衫等上装的款式图，5个头长的等分格可以绘制连衣裙的款式图，7个头长的等分格可以绘制礼服的款式图。

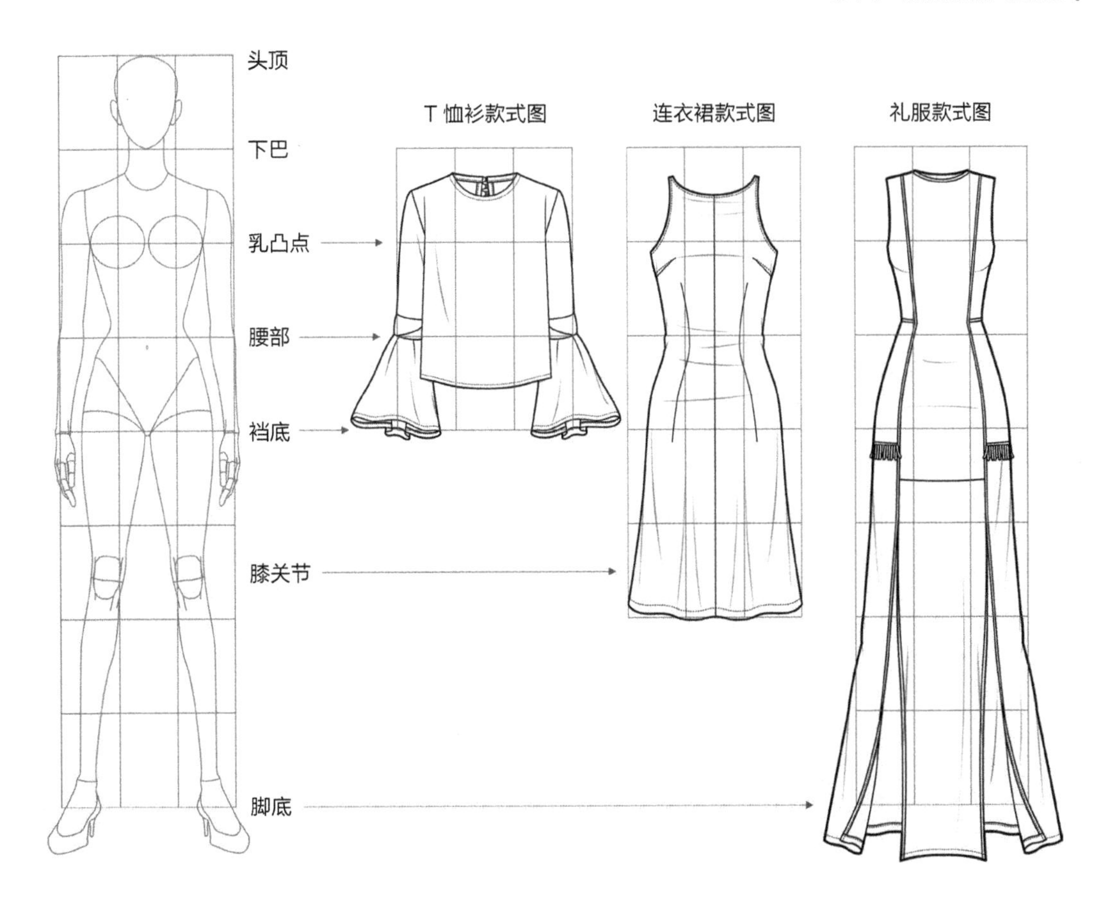

1.2.3 徒手绘制法

徒手绘制法是服装设计师为了能快速记录设计意图，凭借自身经验和较强的手绘功底，根据所设计的服装款式的特征，用流畅且有活力的线条绘制出的服装设计款式图。建议初学者加强练习，在能较好地把控服装款式各部位的比例后，再尝试徒手绘制。

1.3 服装设计款式图的手绘工具和材料

服装设计款式图的手绘工具和材料主要有“心野母型”服装设计款式图模板尺、曲线尺、自动铅笔、橡皮、针管勾线笔和绘图纸等。

1.3.1 “心野母型”服装设计款式图模板尺

“心野母型”服装设计款式图模板尺由人体、人台、衣身和裤身4部分组成，印有“三庭五眼”、颈围、胸围、腰围、臀围、大腿中部、膝关节、小腿中部、踝关节、中心线、肘关节和腕关节等主要标示线，裤身侧边印有等分线及1：1的厘米尺。使用该模板尺的绘图效率高、比例准，解决了服装款式左右结构难画对称的痛点。

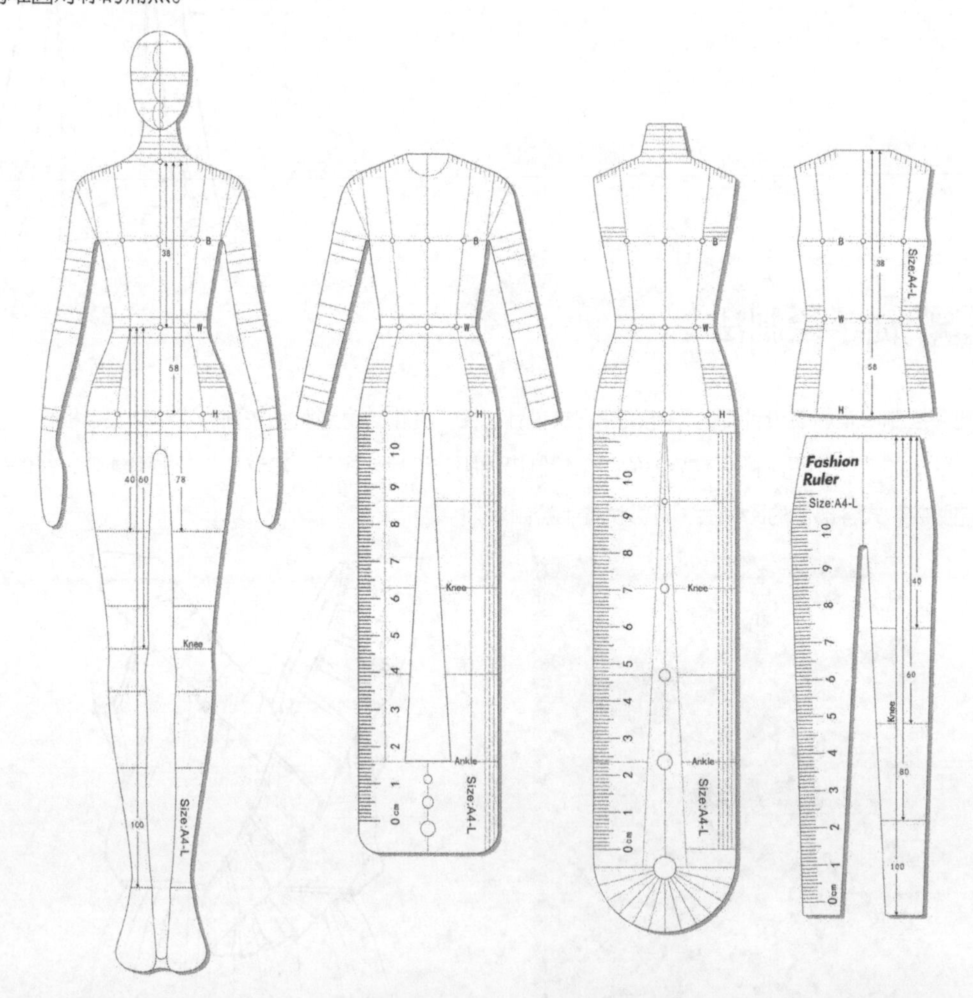

本书第2章介绍了服装设计款式图模板的制作方法，读者可根据书中的介绍制作服装设计款式图模板尺。

1.3.2 曲线尺

曲线尺用于绘制有规律的曲线，如西装的圆下摆、裙子的侧缝曲线、袖子的轮廓线和长裙的褶皱线等。初学者在画曲线时，很难画流畅，借助曲线尺边沿的弧度则能绘制出令人满意的曲线。通常选用1.2mm厚、边沿光滑、柔韧性好的曲线尺来辅助绘制服装设计款式图。

1.3.3 自动铅笔和笔芯

自动铅笔用于绘制服装设计款式图的线稿，这种笔最大的优点就是出芯方便，配合模板尺和曲线尺使用间隙误差小，也方便携带。自动铅笔的笔芯分为B、HB、F、H等不同硬度的型号，B代表软笔芯，H代表硬笔芯，通常选用B型号的笔芯。笔芯还分为0.3mm、0.5mm、0.7mm等不同粗细的型号，通常选用0.5mm的笔芯。自动铅笔的种类较多，通常以笔尖管较长且不易松动的防滑笔杆和低重心笔头型的为宜。

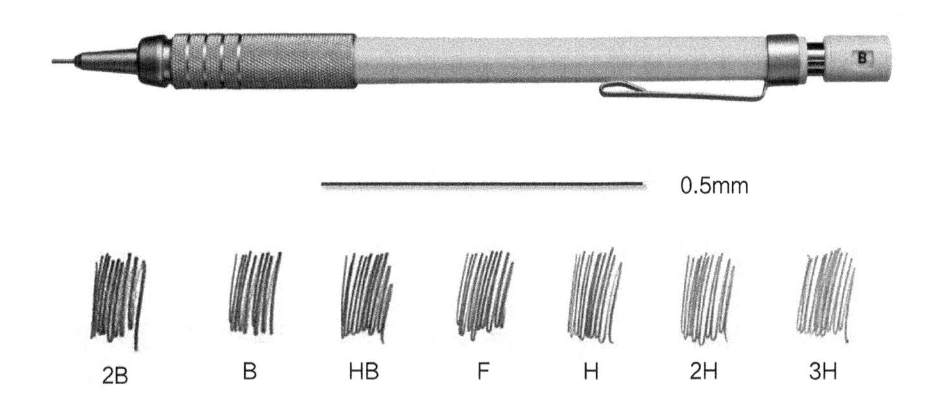

1.3.4 橡皮

橡皮用于擦拭画错的服装设计款式图铅笔线稿，一般选用2B以上型号的、不伤纸、不易掰断、少屑、不易弄脏画面的美术专用橡皮，以平软的方形橡皮为主。

1.3.5 针管勾线笔

针管勾线笔用于勾勒服装设计款式图线稿，通常选用出水均匀且流畅的笔芯。按笔芯颜色分为彩墨和黑墨笔芯，因为不能添加墨水，所以墨水耗尽后不能重复使用。按笔芯粗细分为003、005、01、02、03、04、05、08等型号，通常选用003号或005号的笔芯来勾勒服装的衣纹线和工艺缝线，用01号或02号的笔芯勾勒服装的内部结构线，用03号至08号的笔芯勾勒不同薄厚面料的服装款式图的外轮廓线。

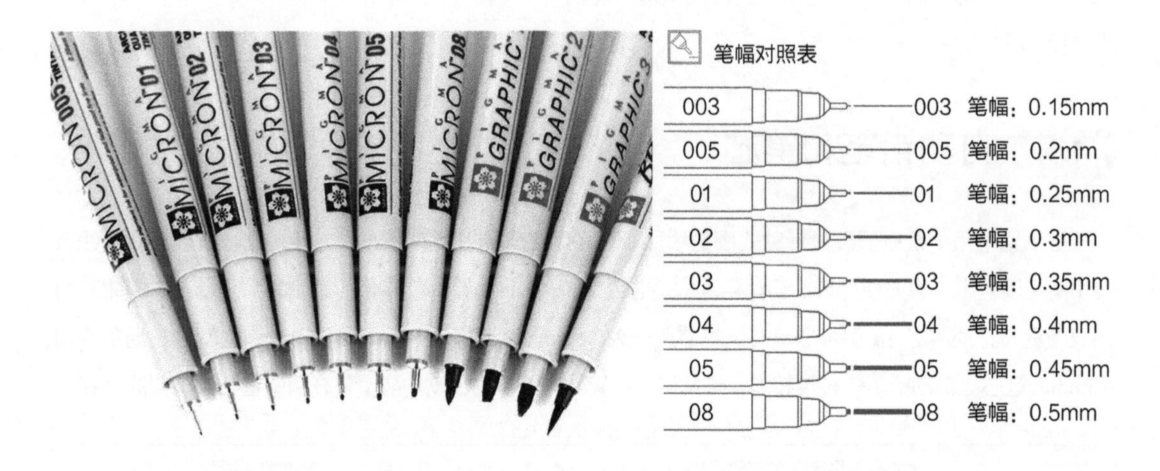

1.3.6 绘图纸

绘图纸以克重为80、光滑白净的A4复印纸（尺寸：210mm×297mm）为主。因为这种纸具有携带方便、经济实惠等特点，所以深受服装企业设计师和院校师生们的喜爱。

2.1 服装设计款式图模板的原理

2.2 服装设计款式图模板的制作方法

2.3 服装设计款式图模板的使用方法

02

第 2 章 服装设计款式图模板的原理、制作和使用

服装设计款式图模板分为女装、男装和童装3种。以人体、服装立体裁剪人台、衣身和裤身为基础原型，根据头顶、下巴、乳凸点、腰部、臀部、裆底、大腿中部、膝关节、小腿中部、踝关节、脚底等位置确定部位参考线，再参考人体各部位的对称关系和比例关系，确定前中心线、领口、公主线、肘关节等结构参考线，完成模板的制作。以头长为度量单位，将人体分为7.5头长标准身高、8头长完美身高、9头长理想身高、10头长或更高的身高。本章主要以女装和男装为例，把人体平分为9头长的身高和3头宽的肩宽，用等分格定位的原理讲解各种模板的制作和使用方法。

2.1 服装设计款式图模板的原理

2.1.1 女装人体模板的原理

01 以头长为度量单位，绘制出头顶至脚底的9个等分格；以头宽为单位，绘制出左肩至右肩的3个等分格。

02 根据9头身女性人体各部位的比例关系，在等分格上完成人体基础形的绘制。

注：肩宽=臀宽≈2.3个头宽，胸宽≈2个头宽，腰宽≈1个头长。

03 以头宽的左右对称线来确定人体的中心参考线，然后根据服装立体裁剪标记线确定公主线，再以头长为单位确定领口、乳凸点、肘关节、腰部、裆底、大腿中部、膝关节、小腿中部和踝关节参考线，完成女装人体模板的制作。

★=头长 ●=头宽 ▲=肩宽、臀宽

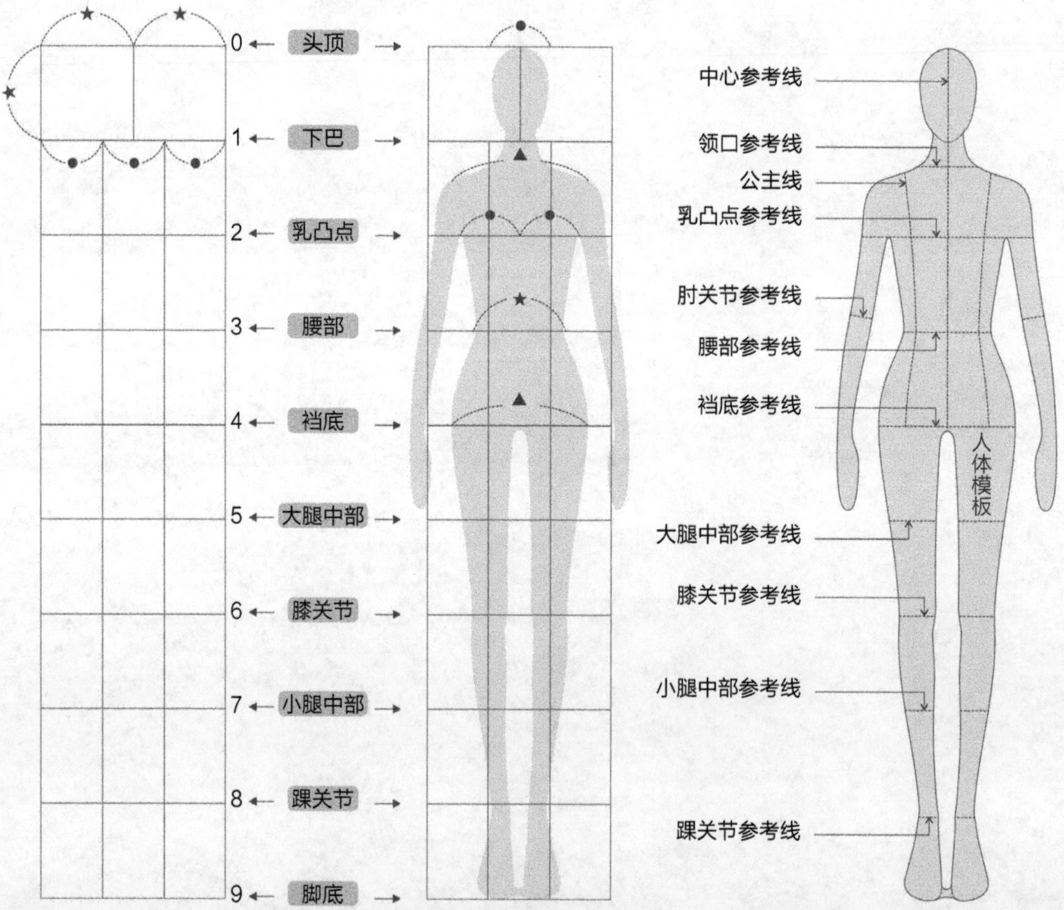

0 头顶
1 下巴
2 乳凸点
3 腰部
4 裆底
5 大腿中部
6 膝关节
7 小腿中部
8 踝关节
9 脚底

中心参考线
领口参考线
公主线
乳凸点参考线
肘关节参考线
腰部参考线
裆底参考线
人体模板
大腿中部参考线
膝关节参考线
小腿中部参考线
踝关节参考线

01 02 03

2.1.2 女装人台模板的原理

01 以头长为度量单位，绘制出头顶至脚底的9个等分格；以头宽为单位，绘制出左肩至右肩的3个等分格。

注：人台模板的肩宽、胸宽、腰宽、臀宽都比人体模板的要宽一点。

02 根据9头身女性人体各部位的比例关系，在等分格上完成人台基础形的绘制。

注：因为人台模板没有头部，所以第1个等分格空着；肩宽=臀宽≈2.5个头宽，胸宽≈2.2个头宽，腰宽≈1.2个头长。

03 以头宽的左右对称线来确定人体的中心参考线，然后根据服装立体裁剪标记线确定公主线，再以头长为单位确定领口、乳凸点、肘关节、腰部、裆底、大腿中部、膝关节、小腿中部和踝关节参考线，完成女装人台模板的制作。

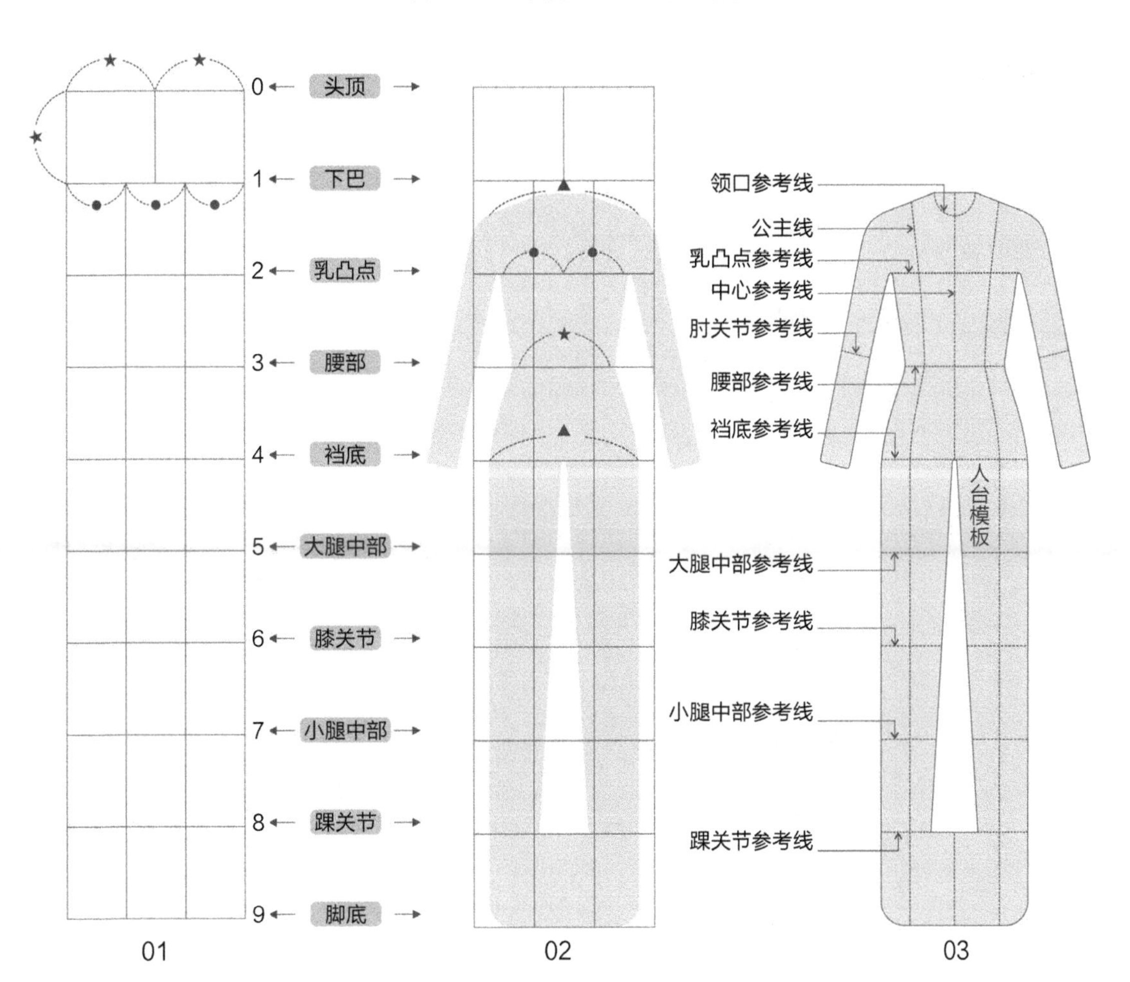

2.1.3 女装衣身和裤身模板的原理

01 以头长为度量单位，绘制出头顶至脚底的9个等分格；以头宽为单位，绘制出左肩至右肩的3个等分格。

注：衣身和裤身模板的肩宽、胸宽、腰宽、臀宽与人台模板的宽度差不多。

02 根据9头身女性人体各部位的比例关系，在等分格上完成衣身和裤身基础形的绘制。

注：因为衣身模板没有头部和裤身，所以只会用到第2、3、4个等分格；因为裤身模板是从腰部位置向下绘制，所以第1个至第3个等分格空着，肩宽=臀宽≈2.3个头宽，胸宽≈2.2个头宽，腰宽≈1.2个头长。

03 以头宽的左右对称线来确定人体的中心参考线，然后根据服装立体裁剪标记线确定公主线，再以头长为单位确定领口、乳凸点、腰部、裆底、大腿中部、膝关节、小腿中部和踝关节参考线，完成女装衣身和裤身模板的制作。

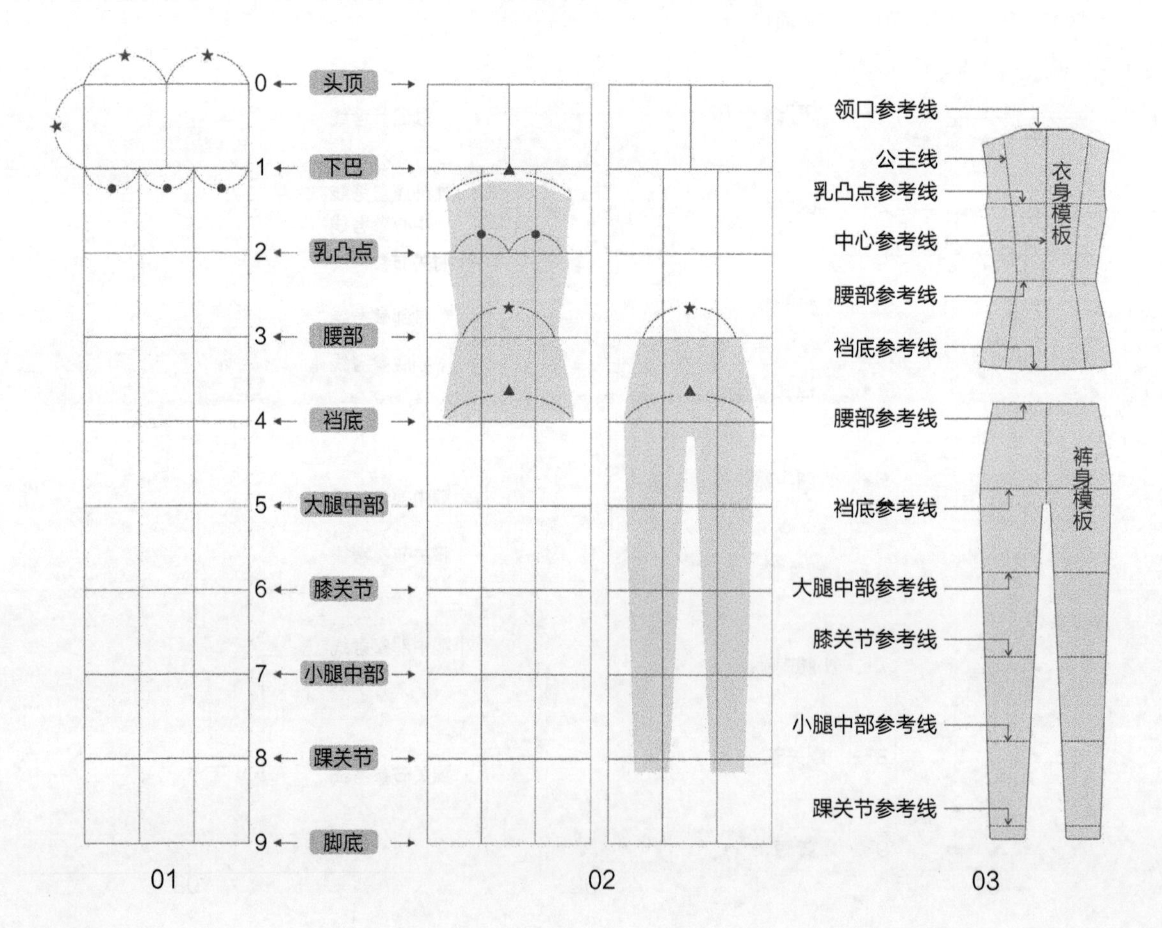

2.1.4 男装人体模板的原理

01 以头长为度量单位，绘制出头顶至脚底的9个等分格；以头宽为单位，绘制出左肩至右肩的3个等分格。

02 根据9头身男性人体各部位的比例关系，在等分格上完成人体基础形的绘制。

注：肩宽≈2.5个头宽，胸宽≈2个头宽，腰宽≈1.2个头长，臀宽≈2.3个头宽。

03 以头宽的左右对称线来确定人体的中心参考线，然后根据服装立体裁剪标记线确定公主线，再以头长为单位确定领口、腋下、胸围、肘关节、腰部、臀围、裆底、大腿中部、膝关节、小腿中部和踝关节参考线，完成男装人体模板的制作。

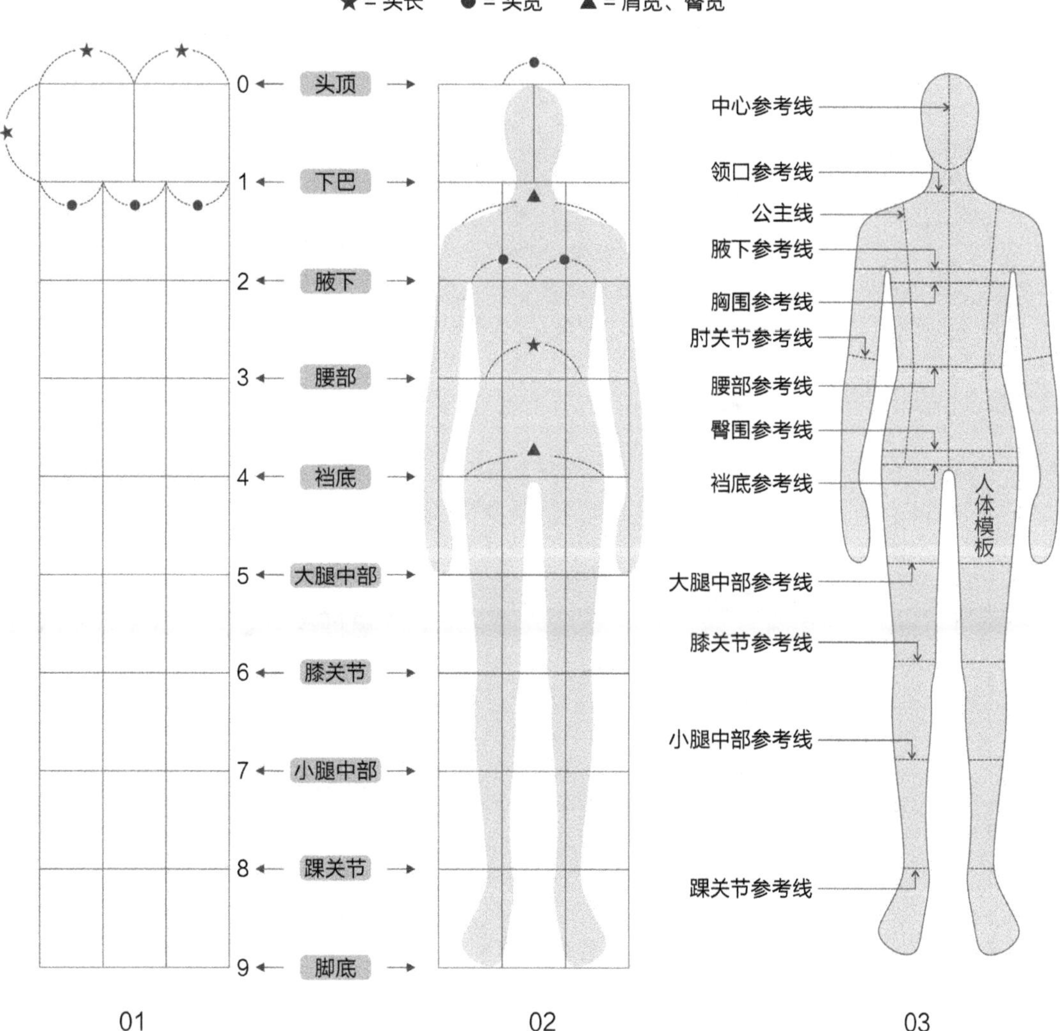

2.1.5 男装人台模板的原理

01 以头长为度量单位，绘制出头顶至脚底的9个等分格；以头宽为单位，绘制出左肩至右肩的3个等分格。

注：人台模板的肩宽、胸宽、腰宽、臀宽都比人体模板的要宽一点。

02 根据9头身男性人体各部位的比例关系，在等分格上完成人台基础形的绘制。

注：因为人台模板没有头部，所以第1个等分格空着；肩宽≈2.7个头宽，胸宽≈2.5个头宽，腰宽≈1.4个头长，臀宽≈2.5个头宽。

03 以头宽的左右对称线来确定人体的中心参考线，然后根据服装立体裁剪标记线确定公主线，再以头长为单位确定领口、腋下、胸围、腰部、臀围、裆底、大腿中部、膝关节、小腿中部和踝关节参考线，完成男装人台模板的制作。

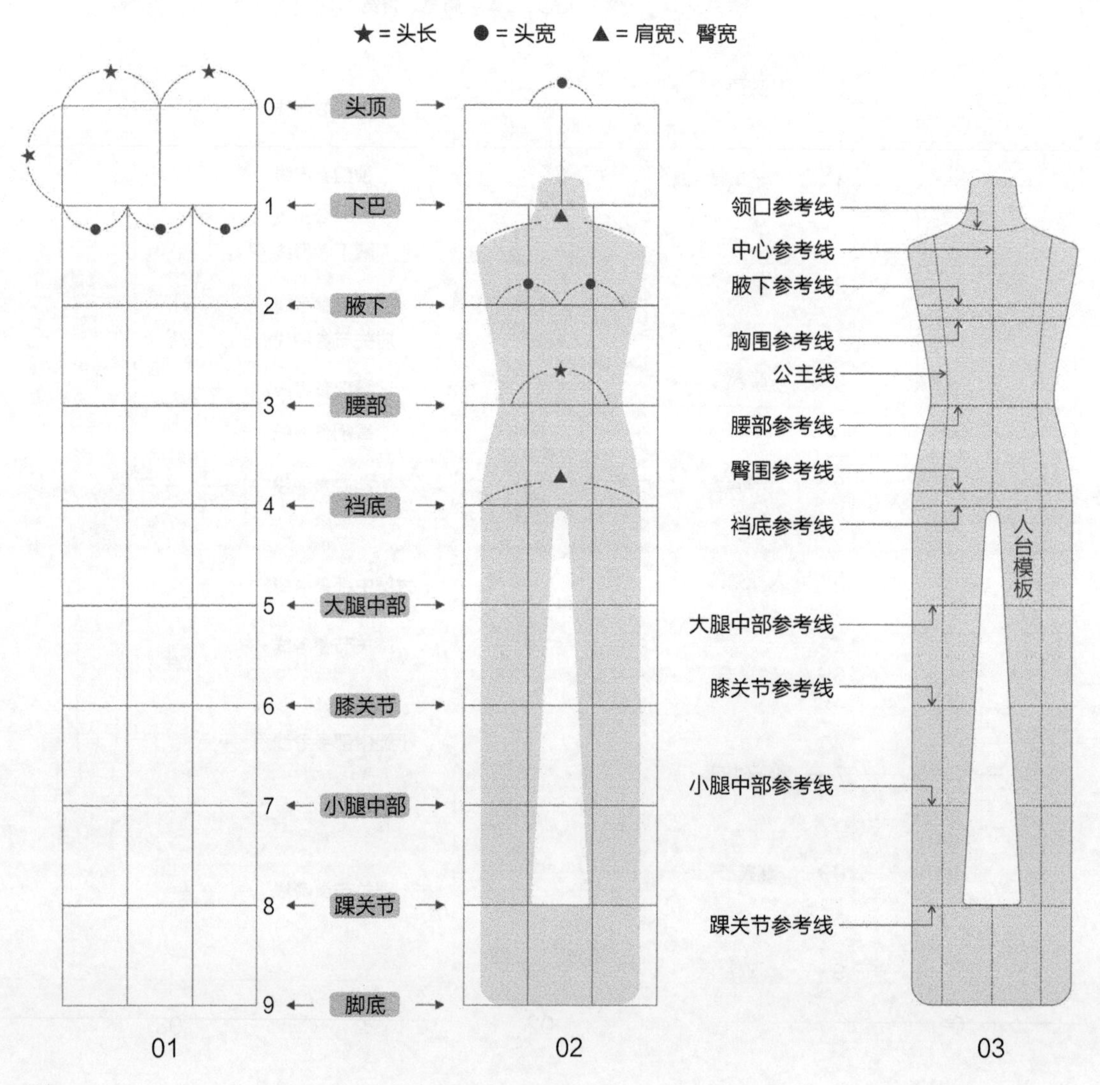

2.1.6 男装衣身和裤身模板的原理

01 以头长为度量单位，绘制出头顶至脚底的9个等分格；以头宽为单位，绘制出左肩至右肩的3个等分格。

注：衣身和裤身模板的肩宽、胸宽、腰宽、臀宽与人台模板的宽度差不多。

02 根据9头身男性人体各部位的比例关系，在等分格上完成衣身和裤身基础形的绘制。

注：因为衣身模板没有头部和裤身，所以只会用到第2、3、4个等分格；因为裤身模板是从腰部位置向下绘制的，所以第1个至第3个等分格空着，肩宽=臀宽≈2.3个头宽，胸宽≈2.2个头宽，腰宽≈1.2个头长。

03 以头宽的左右对称线来确定人体的中心参考线，然后根据服装立体裁剪标记线确定公主线，再以头长为单位确定领口、腋下、腰部、臀围、大腿中部、膝关节、小腿中部和踝关节参考线，完成男装衣身和裤身模板的制作。

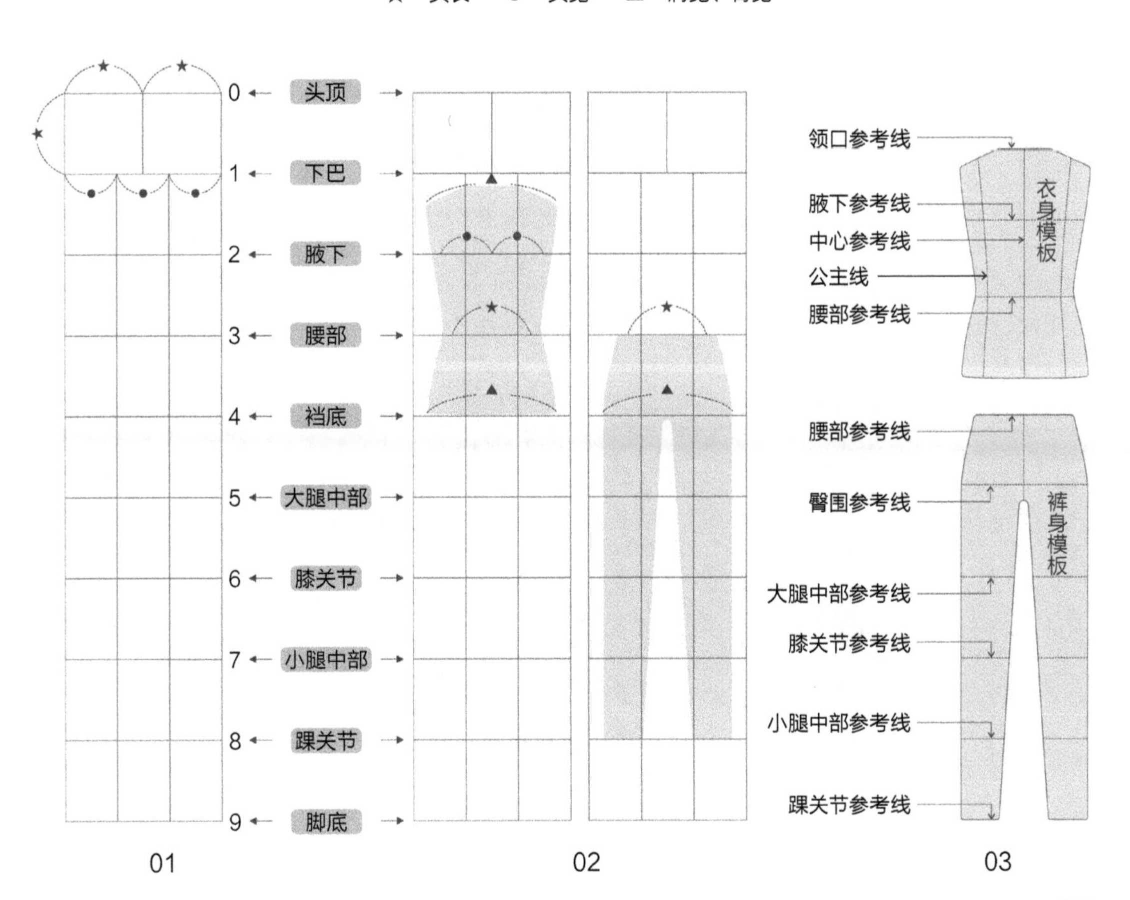

2.2 服装设计款式图模板的制作方法

2.2.1 女装模板参考图

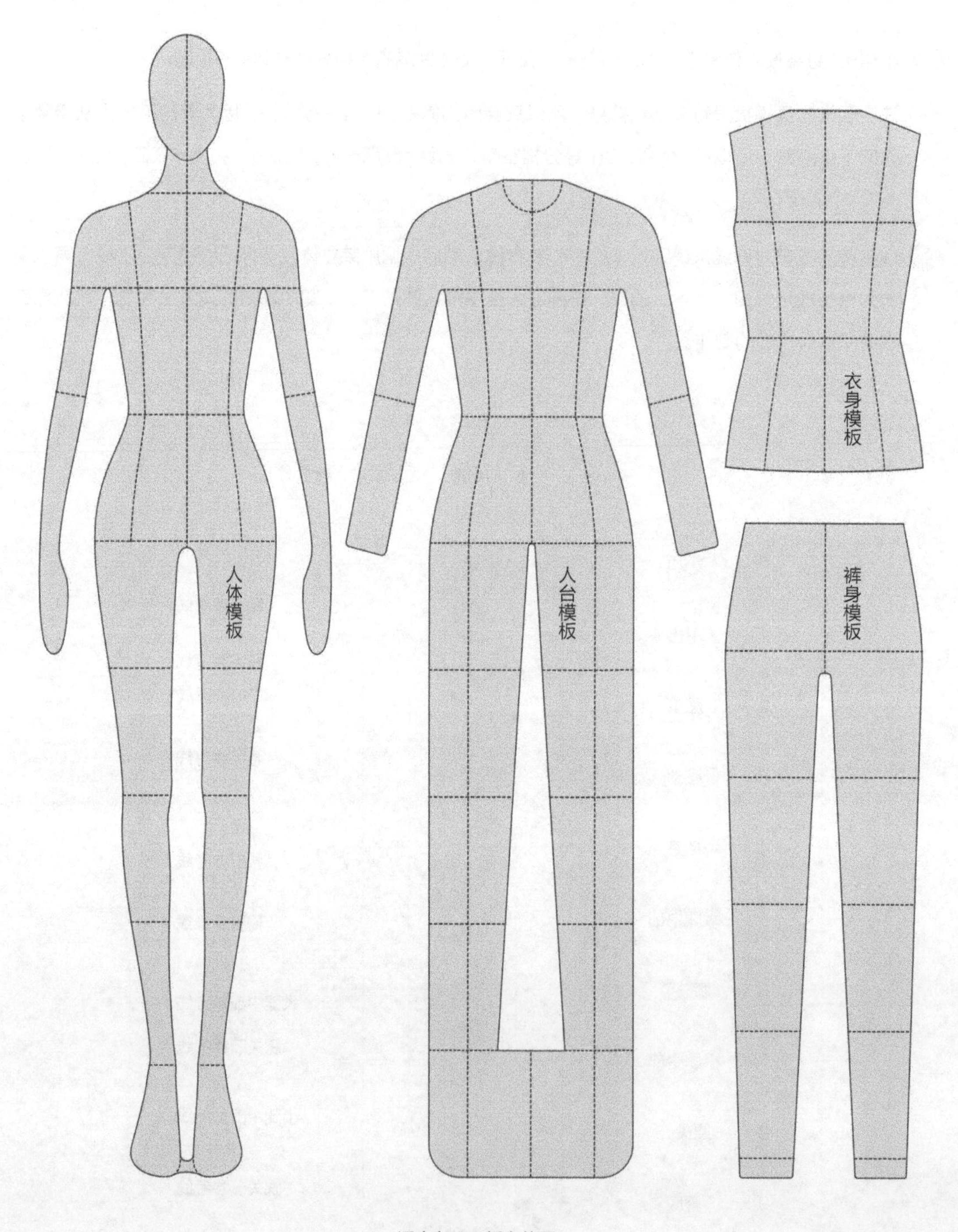

适合在 A4 纸上使用

2.2.2 男装模板参考图

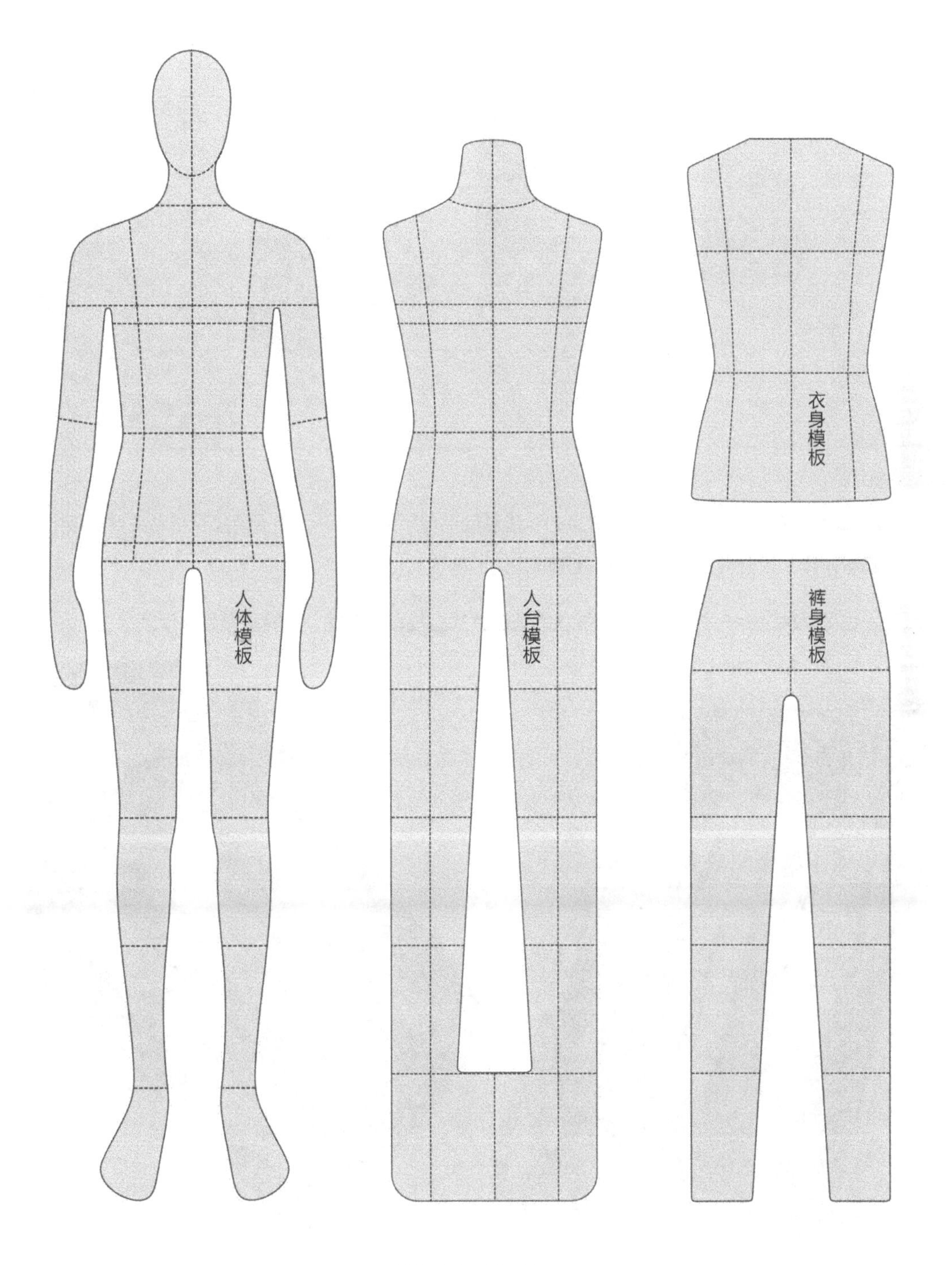

适合在 A4 纸上使用

2.2.3 模板的制作方法

01 根据服装设计款式图模板的原理，在A4纸上沿中心线绘制出人体、人台、衣身和裤身的半边基础形，然后对折用剪刀剪下来。

注：画半边基础形后对折剪下，是为了使人体、人台、衣身和裤身的左右侧基础形能对称。

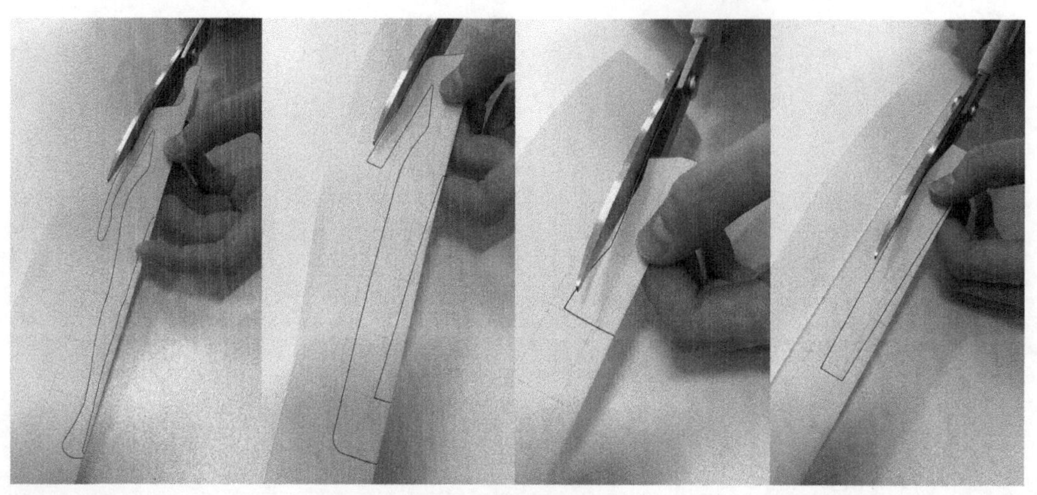

01

02 将A4纸上的人体、人台、衣身和裤身的半边基础形剪下来并展开，用透明胶带粘贴在厚纸板上，然后顺着人体、人台、衣身和裤身基础形的外边沿剪下。

注：也可以跳过上一步，剪下前面提供的服装款式图模板参考图，将其直接贴在厚纸板上。

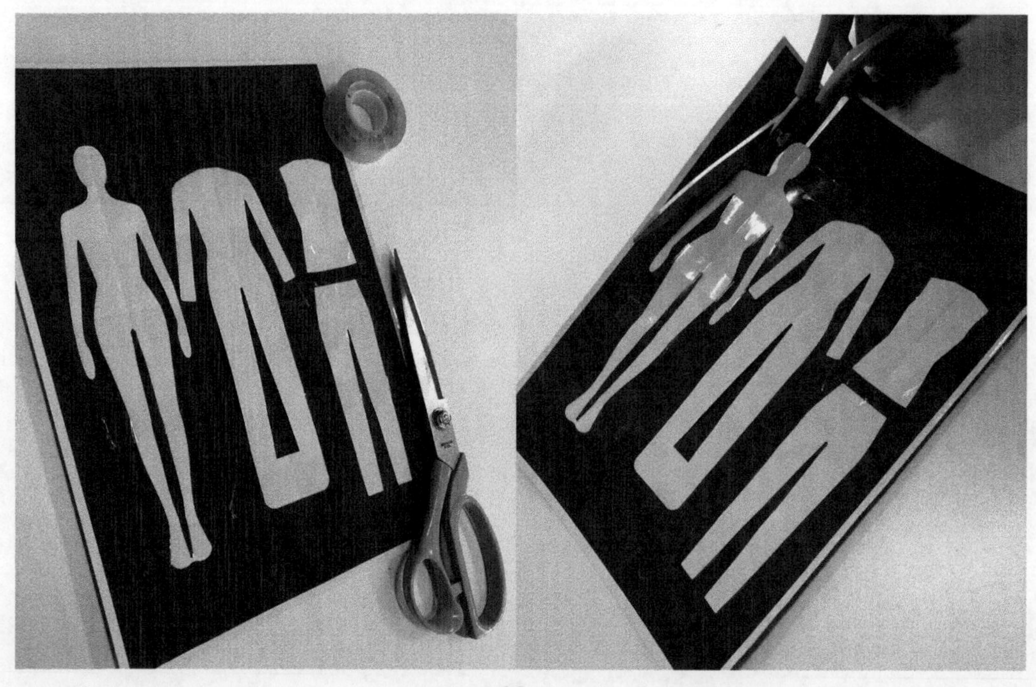

02

03 去掉粘贴在厚纸板上的A4纸，完成服装设计款式图模板的制作。

注：也可以用1mm厚的塑料片代替厚纸板。

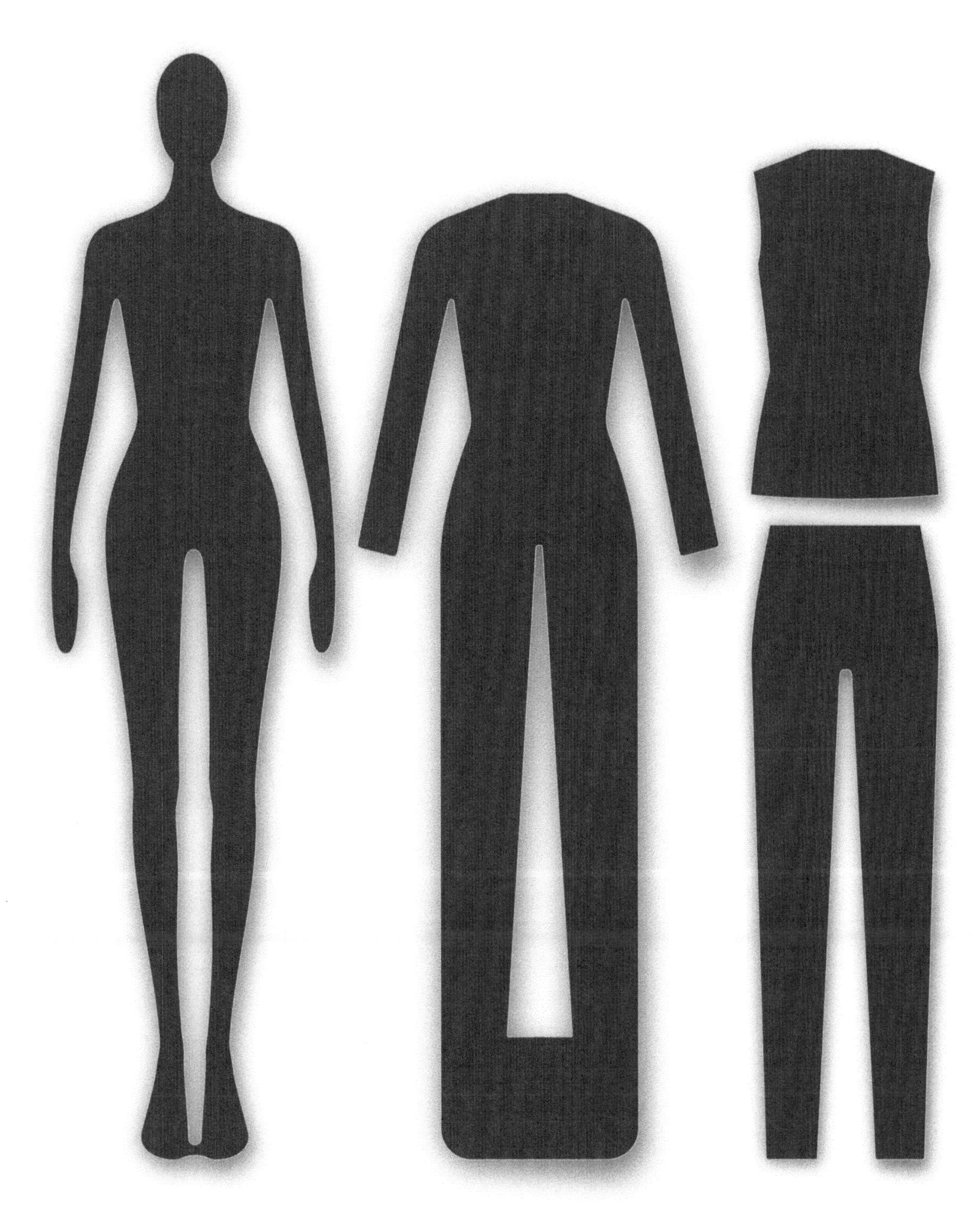

03

2.3 服装设计款式图模板的使用方法

2.3.1 人体模板的使用方法

服装设计款式图的人体模板，适合用来绘制连衣裙、小礼服和晚礼服等连体型的服装款式图。

01 绘制人体轮廓线，用铅笔围绕人体模板的外沿描绘一圈，得到人体轮廓线。

02 绘制领子部位，在人体轮廓线的基础上，根据胸围和腰围参考线的位置，确定领口的大小，完成领子部位的绘制。

03 绘制衣身部位，根据衣身的款式特征，在人体轮廓线的基础上，确定服装的肩宽、腰宽、下摆宽度和衣身长度，完成衣身部位的绘制。

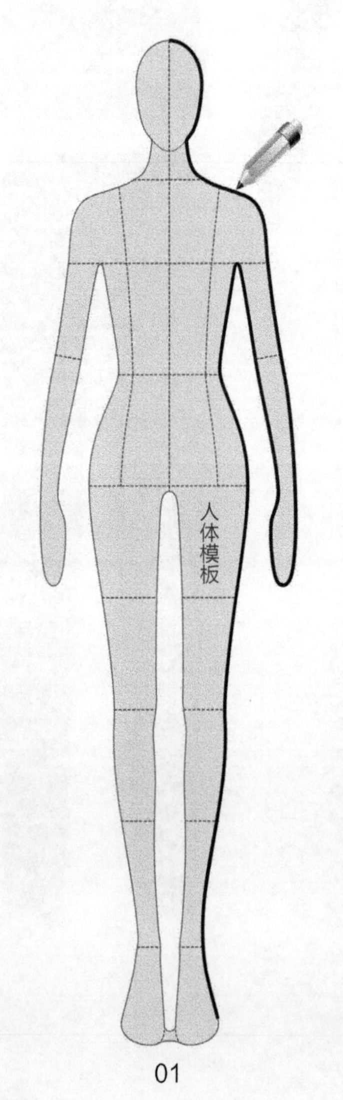

01

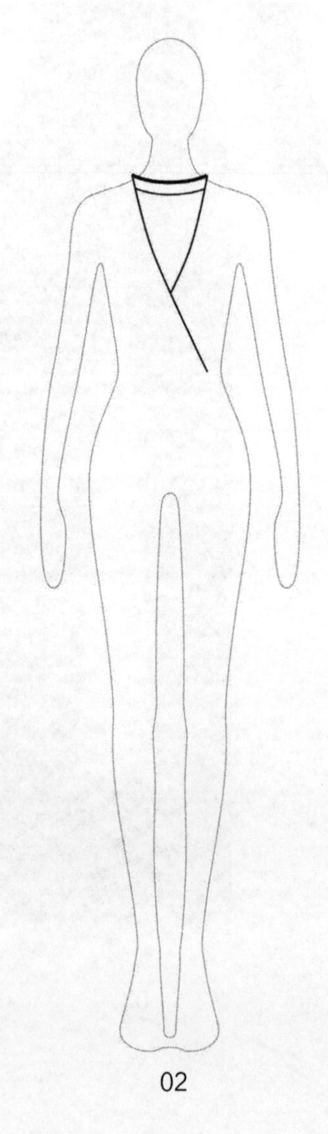

02

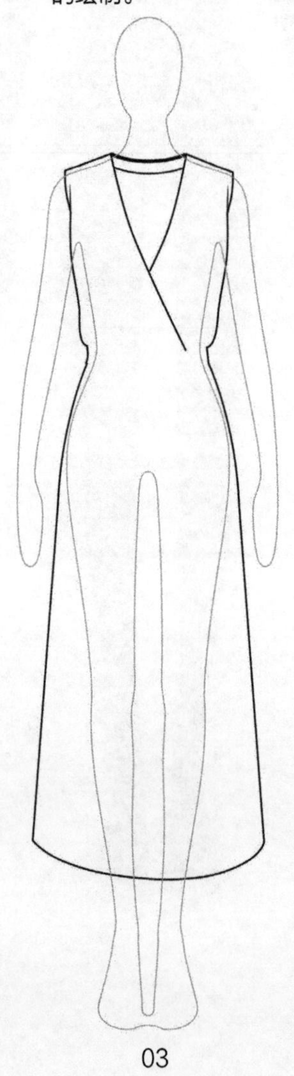

03

04 绘制袖子，根据袖型的特征，在人体轮廓线的基础上，确定袖子的长度和袖口的宽度，完成袖子部位的绘制。

05 绘制内部结构线、工艺缝线、衣纹线和配饰等，完成服装设计款式图的绘制。

2.3.2 人台模板的使用方法

服装设计款式图的人台模板既适合用来绘制大衣和背带裤等连体型的服装款式图，也适合用来绘制西装、外套、裤子或半身裙等分体型的服装款式图。

01 绘制人台轮廓线，用铅笔围绕人台模板的外沿描绘一圈，得到人台轮廓线。

02 绘制领子部位，在人台轮廓线的基础上，根据胸围和腰围参考线的位置，确定领口的大小，完成领子部位的绘制。

03 绘制衣身部位，根据衣身的款式特征，在人台轮廓线的基础上，确定服装的肩宽、腰宽、下摆宽度和衣身长度，完成衣身部位的绘制。

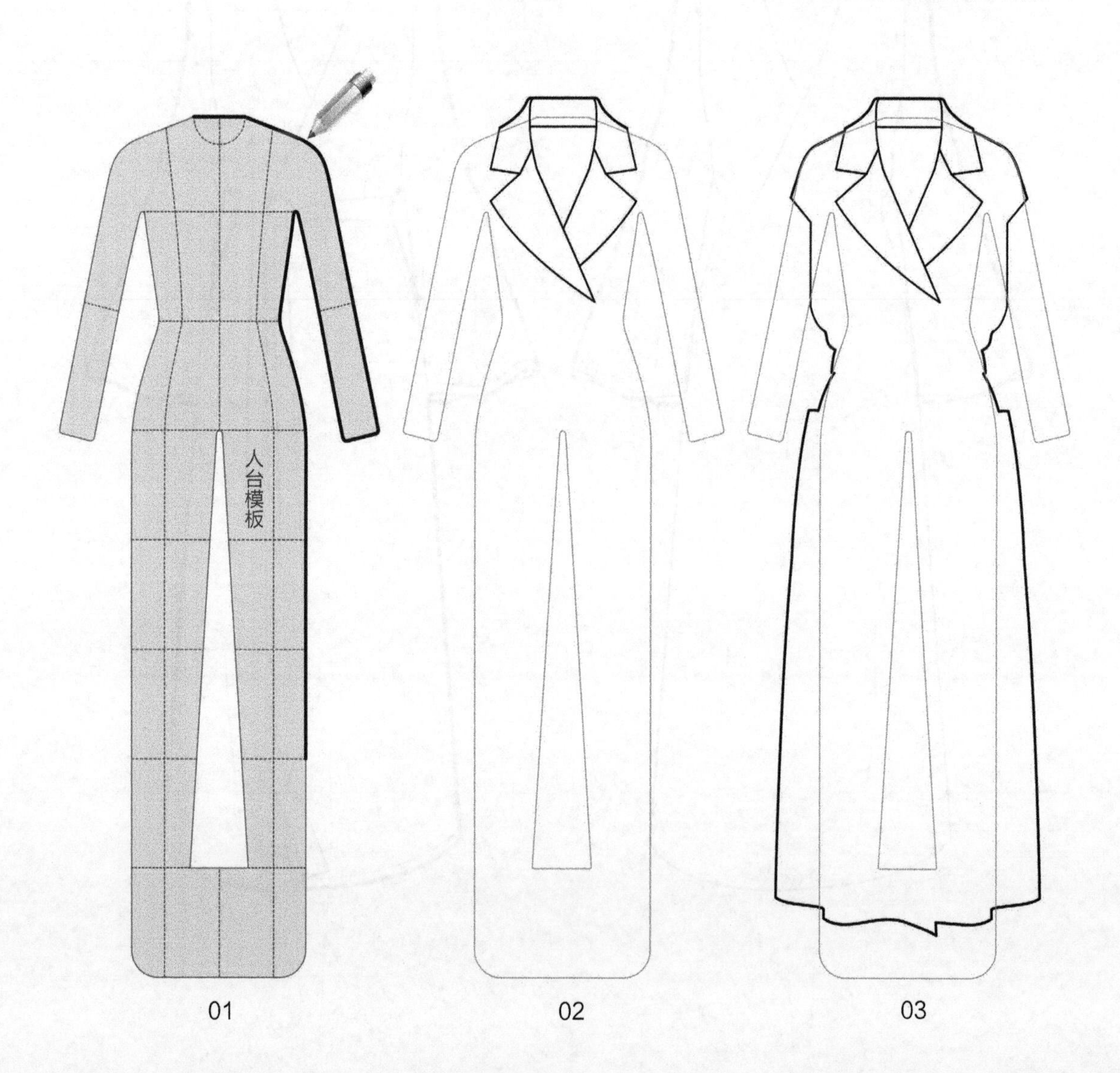

04 绘制袖子，根据袖型特征，在人台轮廓线的基础上，确定袖子的长度和袖口的宽度，完成袖子部位的绘制。

05 绘制内部结构线、工艺缝线、衣纹线和配饰等，完成服装设计款式图的绘制。

2.3.3 衣身和裤身模板的使用方法

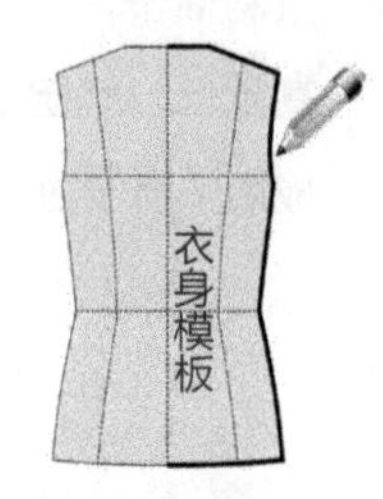

服装设计款式图的衣身和裤身模板，适合用来绘制T恤衫、内衣、西装、外套、裤子和半身裙等分体型服装款式图。

01 用铅笔围绕衣身和裤身模板的外沿描绘一圈，得到衣身和裤身的轮廓线。

02 在衣身和裤身轮廓线的基础上，根据胸围和腰围参考线，确定胸口和腰头的位置，完成胸口和腰头部位的绘制。

03 确定裹胸大小、裤子长短、裤脚大小，完成裹胸和裤身部位的绘制。

04 绘制肩带、蝴蝶结、腰带和口袋等，完成细节部位的绘制。

05 绘制内部结构线、工艺缝线和衣纹线等，完成服装设计款式图的绘制。

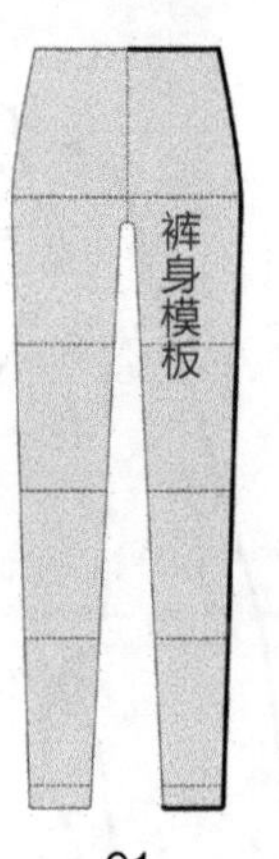

01

03

第3章
服装设计款式图局部绘制方法

服装设计款式图局部图又称服装部件图，主要包括衣领、衣袖、口袋、脚口、裙摆、服装配件和饰品等。

3.1 衣领的绘制方法

衣领是指围绕脖子的上衣部件，有无领型、立领、翻折领、戗驳领、蝴蝶结领、平驳领和袒肩领等结构形式，绘制时应根据不同领型特征进行描绘。

3.1.1 衣领的手绘方法

01 用0.5mm的自动铅笔围绕服装设计款式图人台模板的外边沿，描绘出服装人台基本形。再根据模板标记线的位置，画出中心线、胸围线和腰围线。

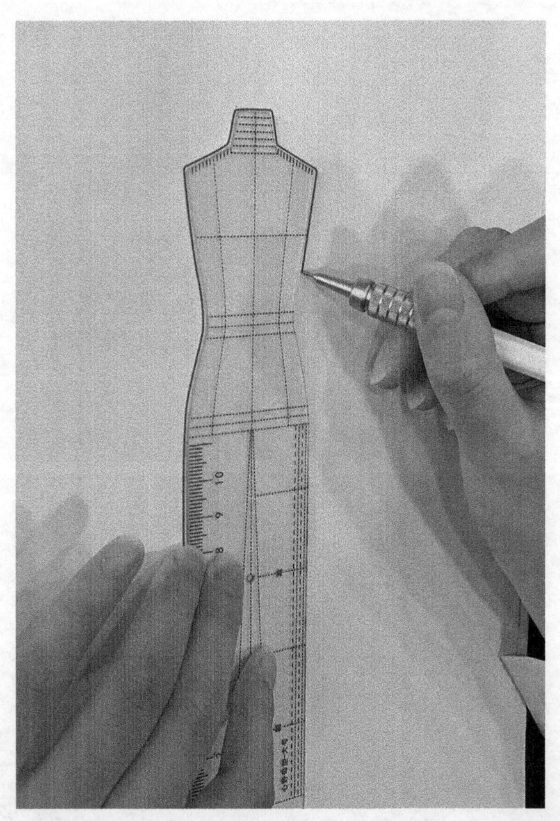

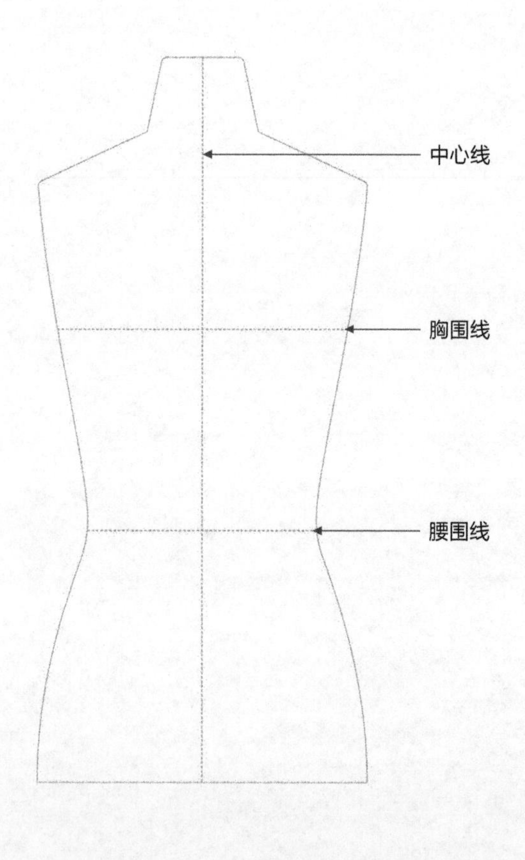

01

02 参考服装人台基本形、中心线、胸围线和腰围线，确定横领宽和直领深的位置，绘制出领口的基础线。

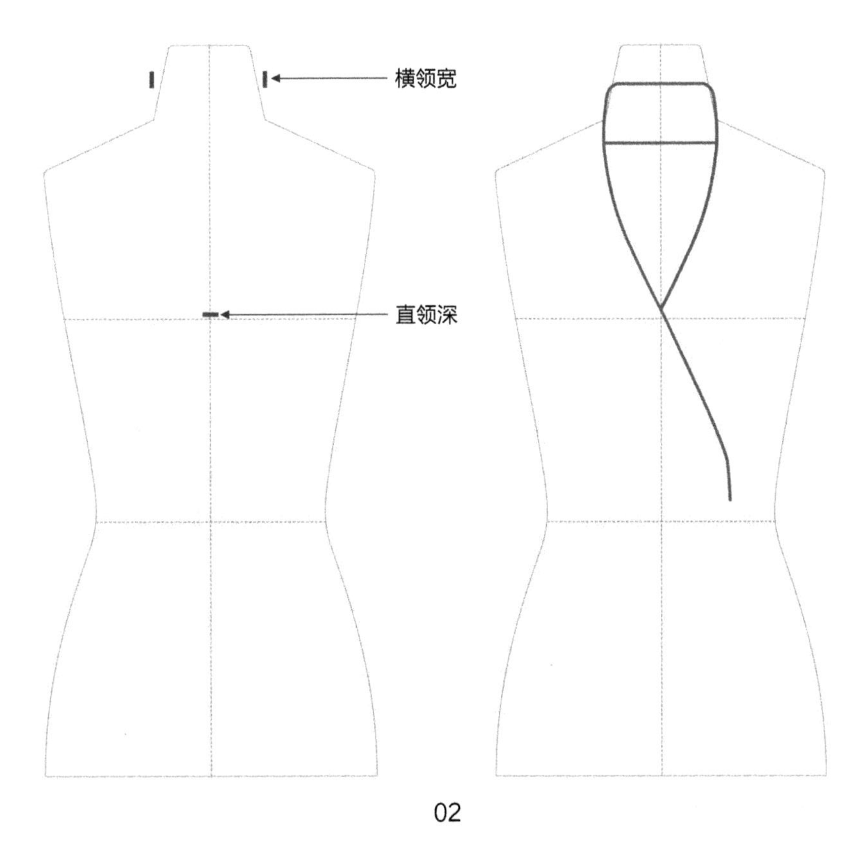

02

03 确定领片的款式结构和大小，绘制出领片的基础线。

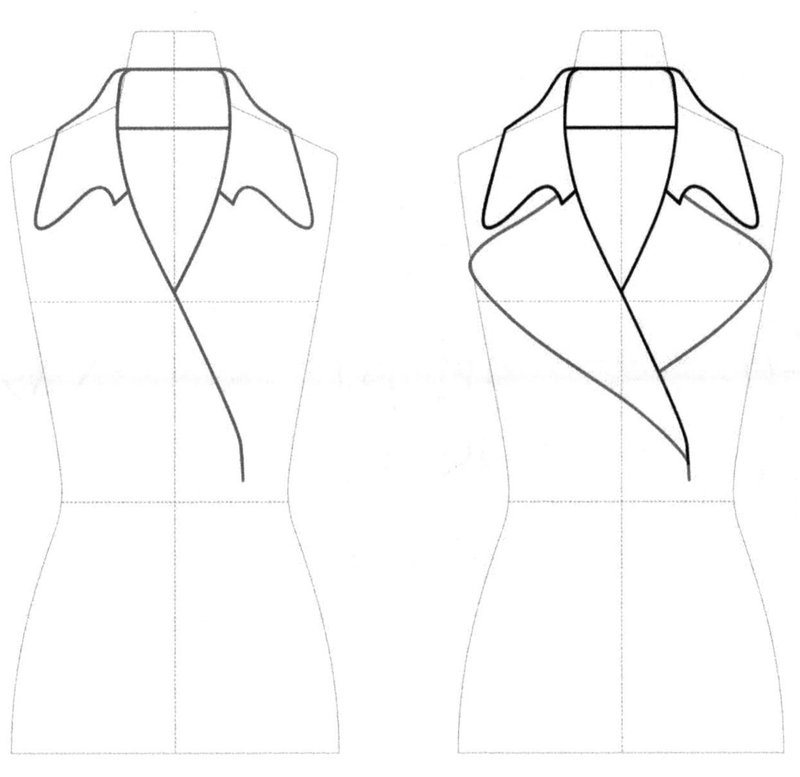

03

04 根据领型特征，绘制出衣领的内部装饰线和工艺线等，然后擦除服装人台基本形，完成衣领的绘制。

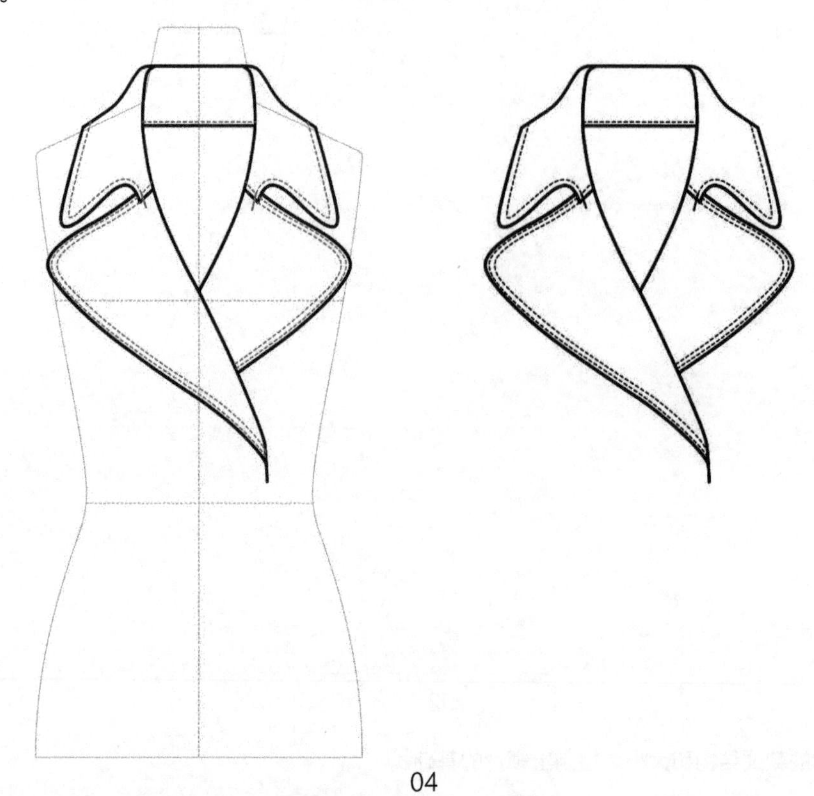

04

3.1.2 各种衣领的手绘表现

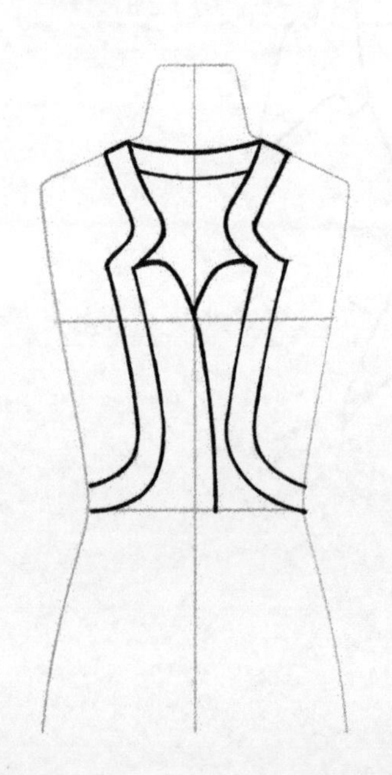

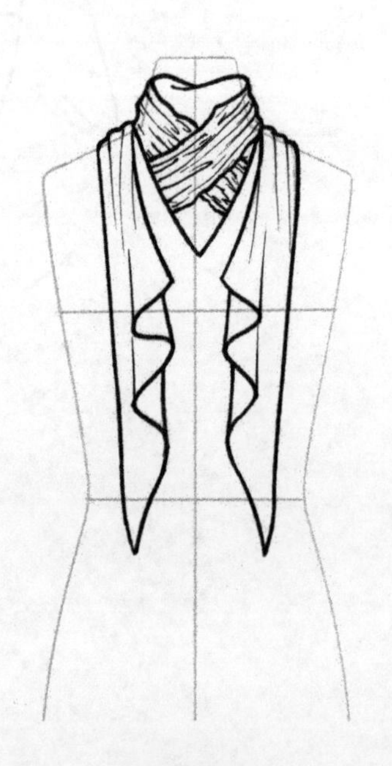

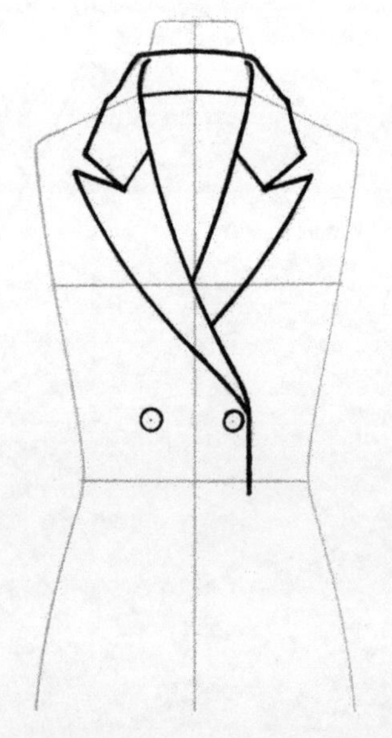

汪素雅 绘制

汪素雅 绘制

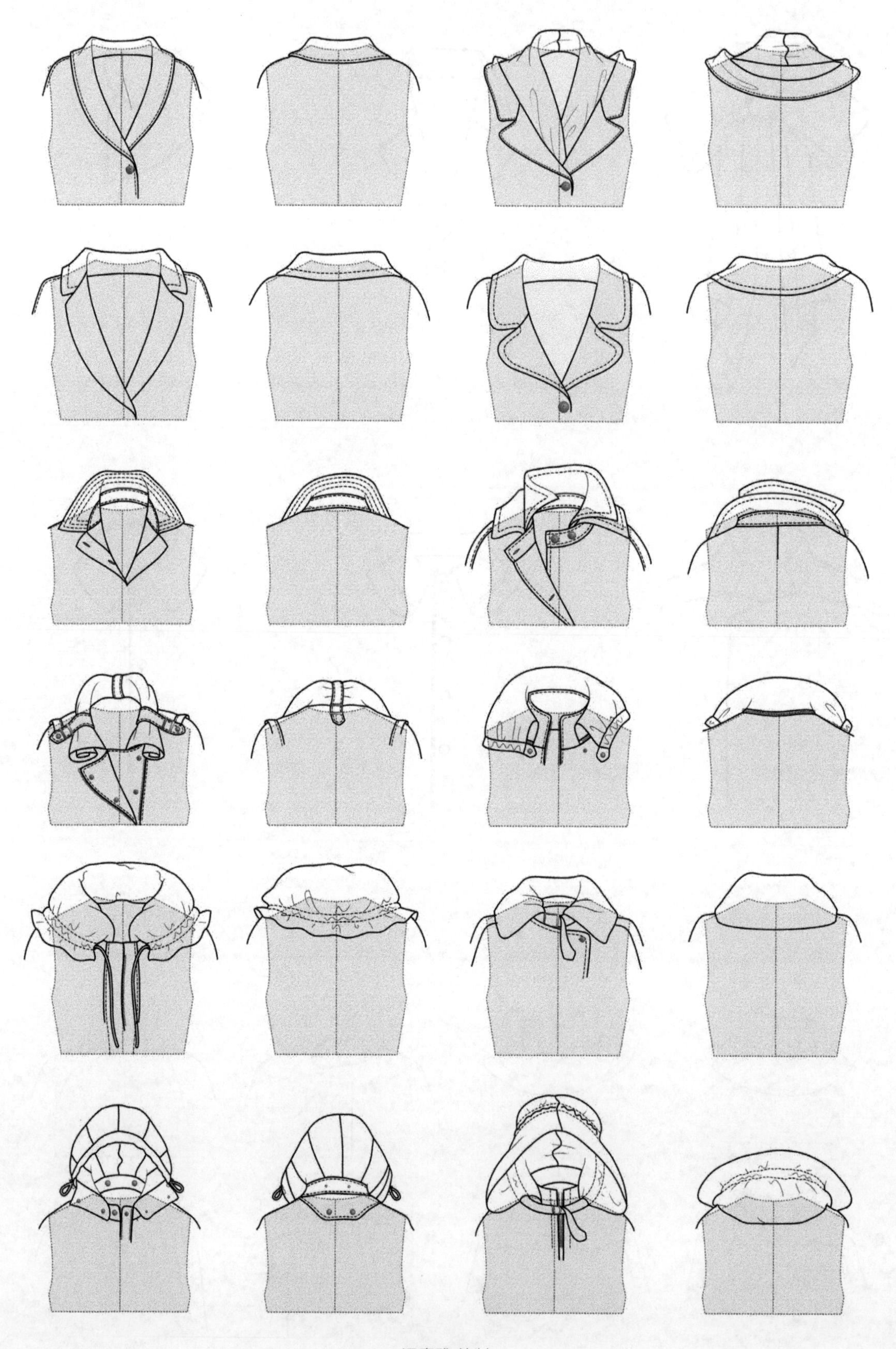

汪素雅 绘制

3.2 衣袖的绘制方法

衣袖是与衣领同样重要的部件，在服装款式设计中具有重要的意义。衣袖有无袖、连身袖、装袖、插肩袖等几种形式。根据衣袖的长度可分为无袖、短袖、半袖、七分袖和长袖等。根据衣袖的款式特征可分为灯笼袖、泡泡袖、蝙蝠袖、马蹄袖、喇叭袖、郁金香袖、落肩袖、包裹袖和宫廷袖等类型。

3.2.1 衣袖的手绘方法

01 用0.5mm的自动铅笔围绕服装设计款式图人台模板的外边沿，描绘出服装人台基本形。再根据模板标记线的位置，画出中心线、胸围线、腰围线、臀围线和袖肘线。

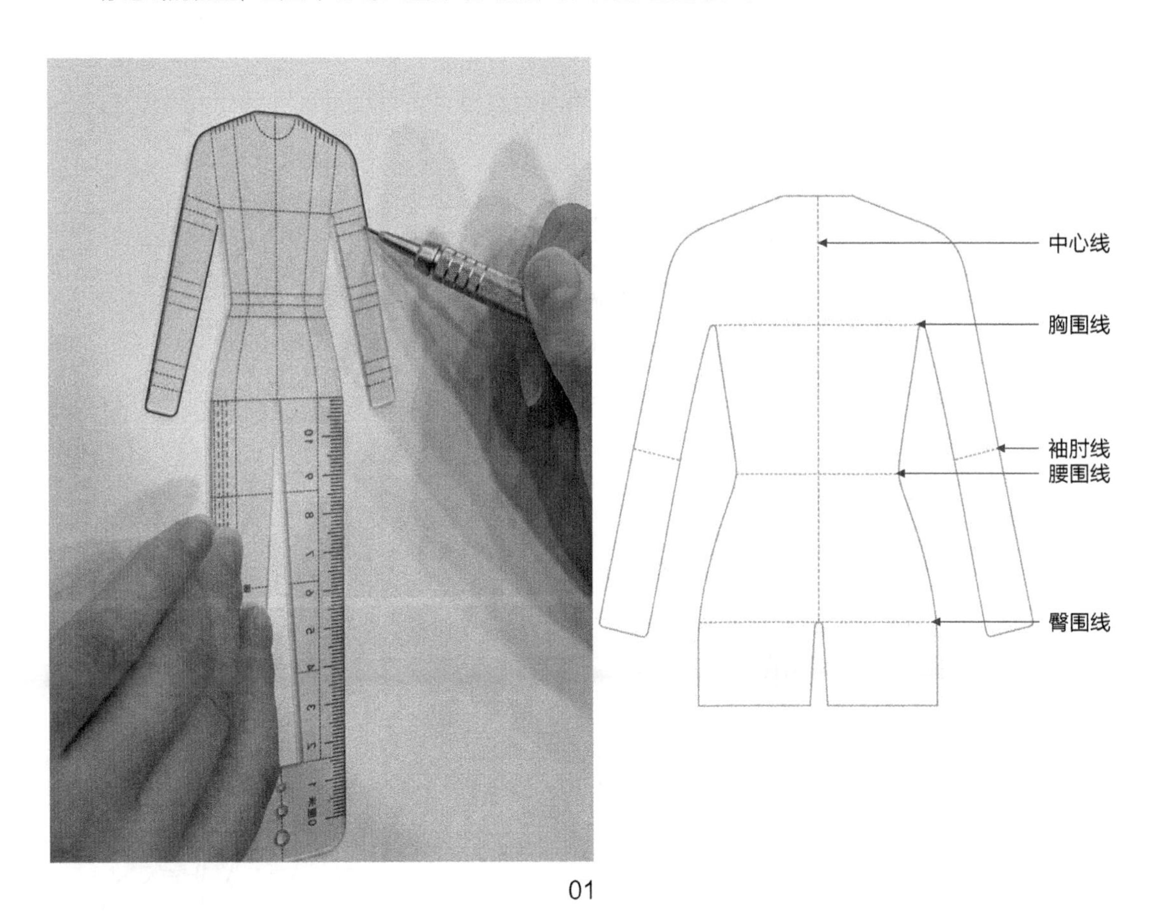

01

02 在完成的衣身基础上，先绘制袖子的内廓形线，再绘制袖子的外廓形线。

注：先绘制袖子的内廓形线是为了确定袖子与衣身间的距离。

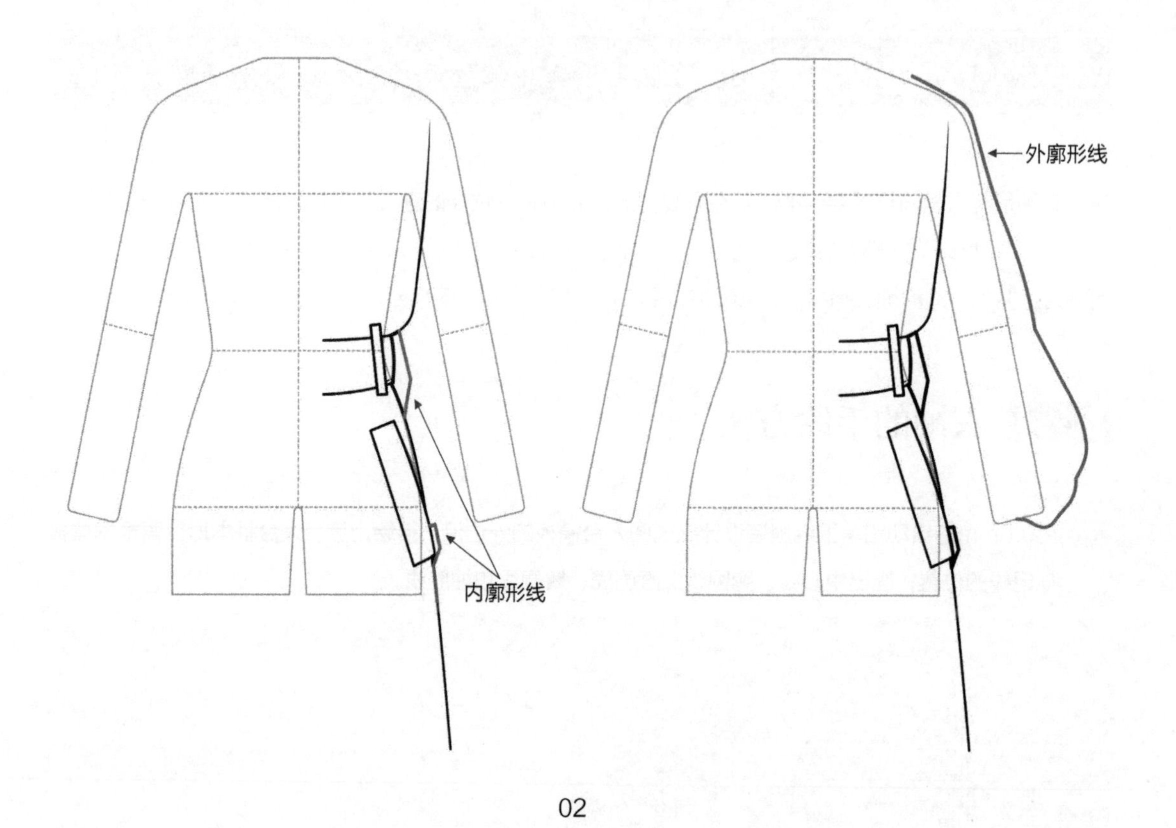

02

03 根据袖口部位的大小和款式结构，绘制出袖口和内部装饰线。

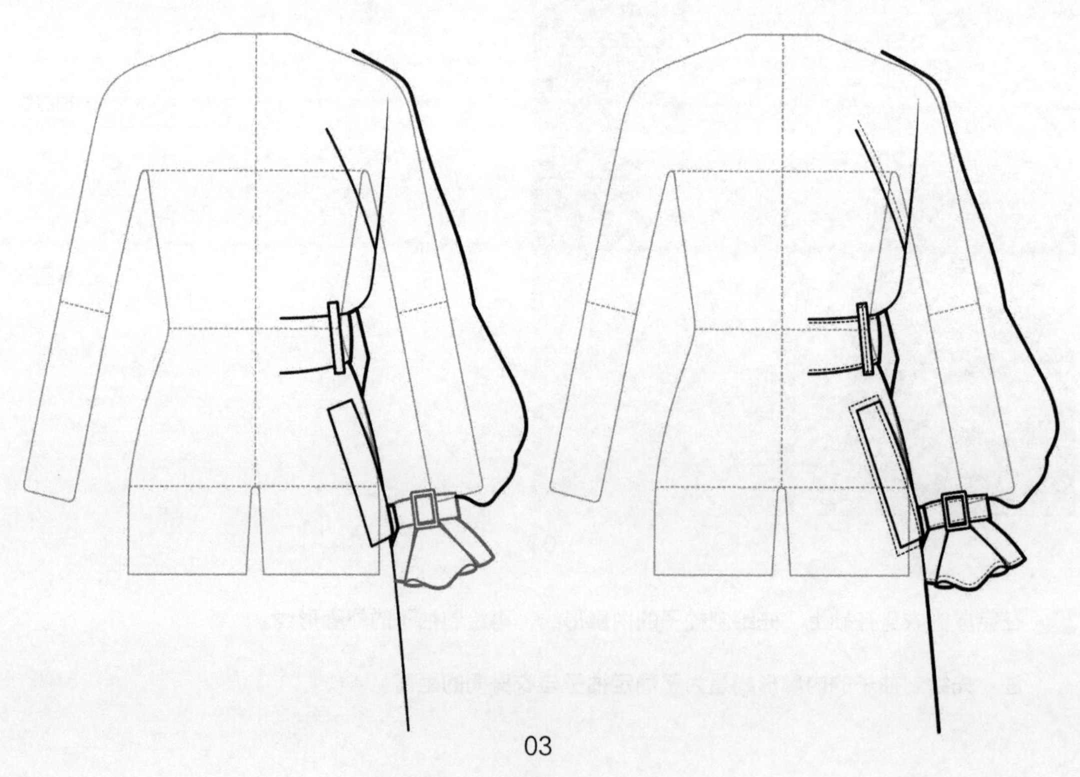

03

04 绘制出衣纹线等，然后擦除服装人台基本形，完成袖子的绘制。

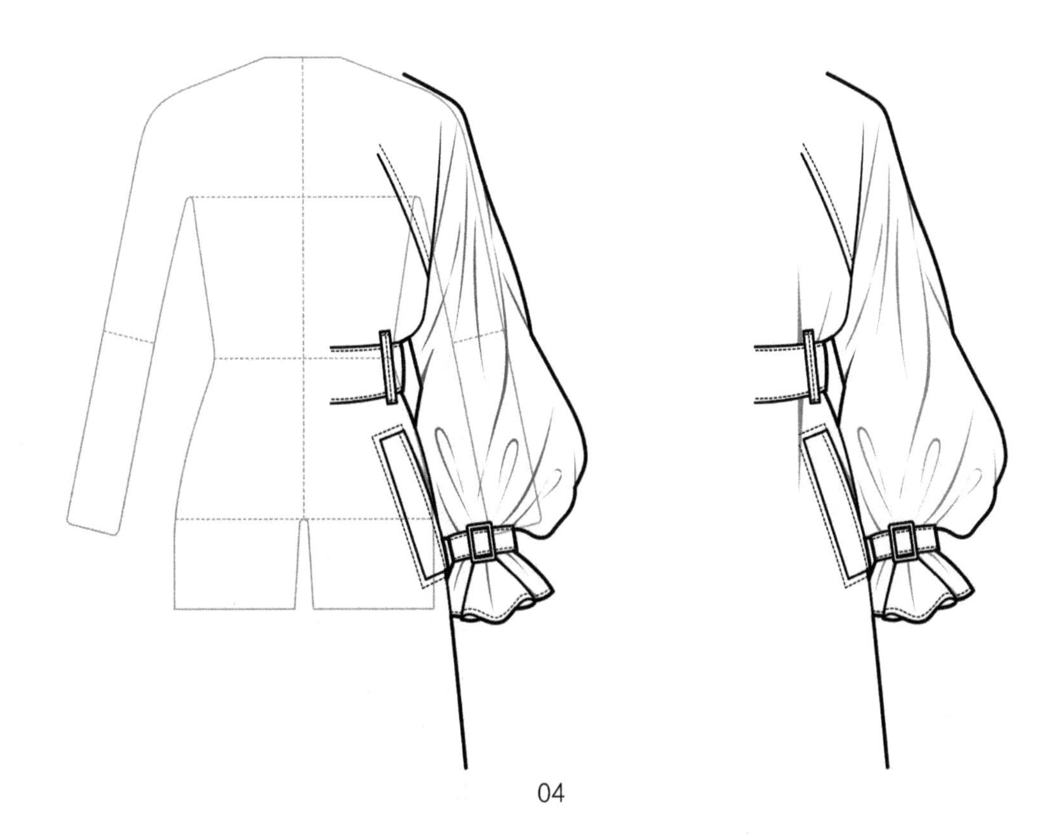

04

3.2.2 各种衣袖的手绘表现

衣袖是服装的主要部件之一，在服装款式设计中要特别注意。袖子的造型要适应人体上肢活动范围的特定需要，同时袖子的造型对服装的整体款式设计有很大的影响，对服装整体风格的体现也起着重要的作用。下面是一些衣袖的手绘表现效果图。

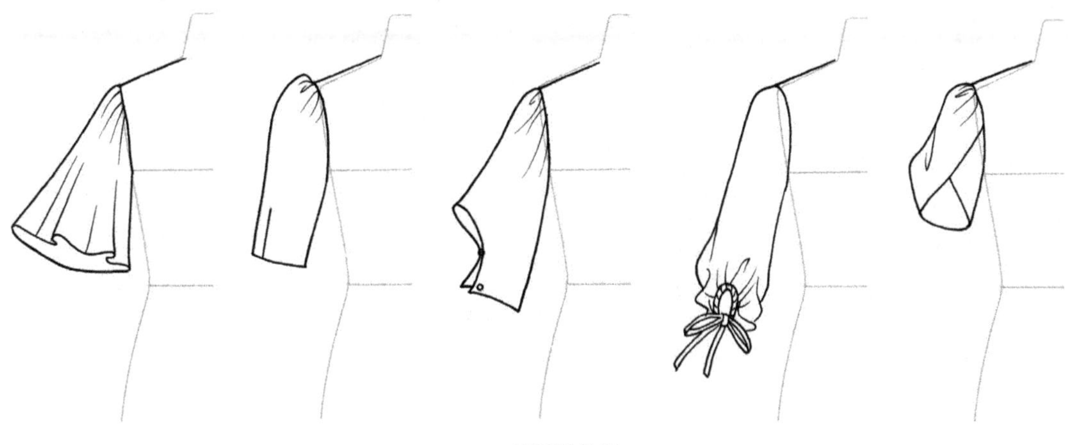

刘媛媛 绘制

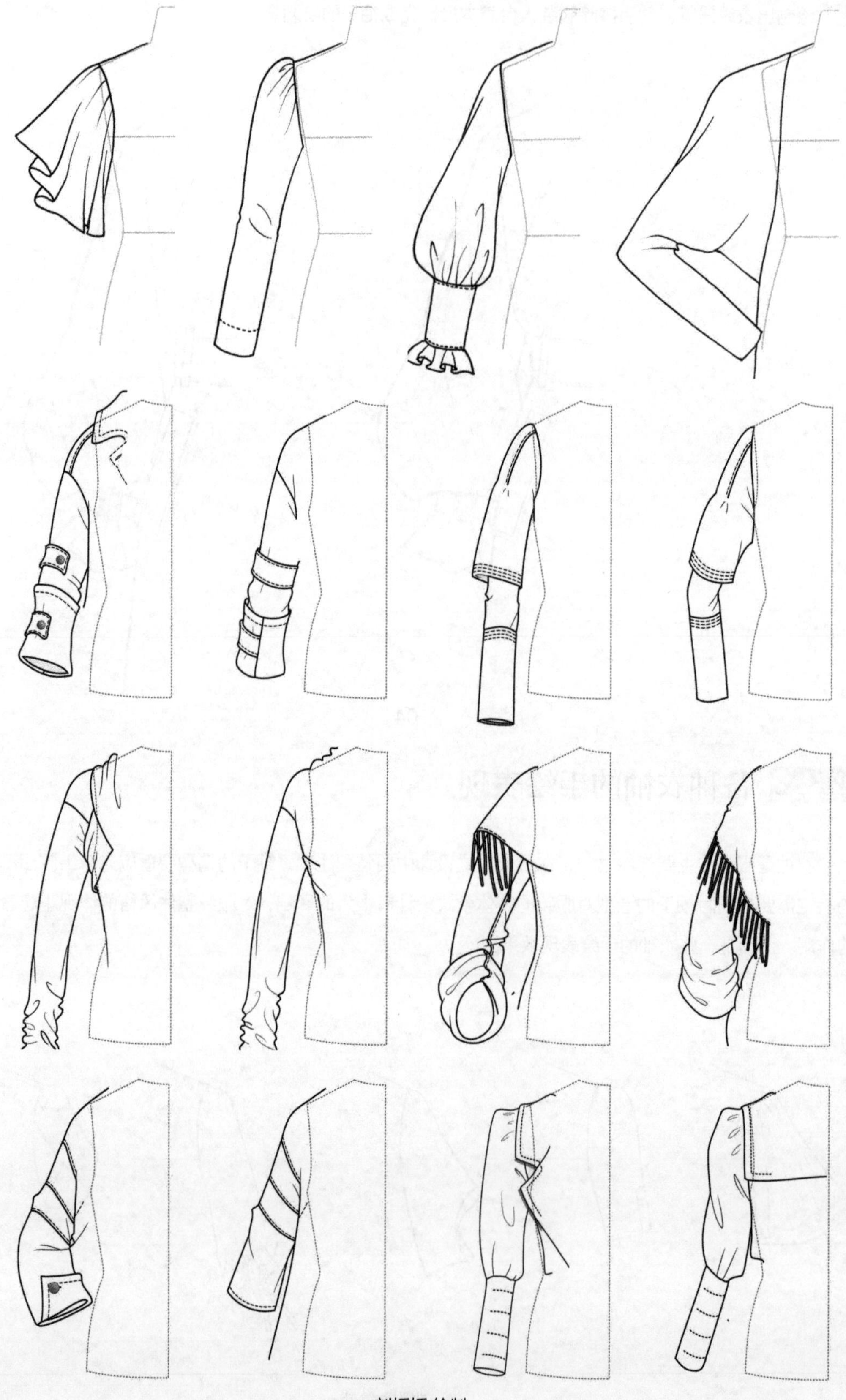

刘媛媛 绘制

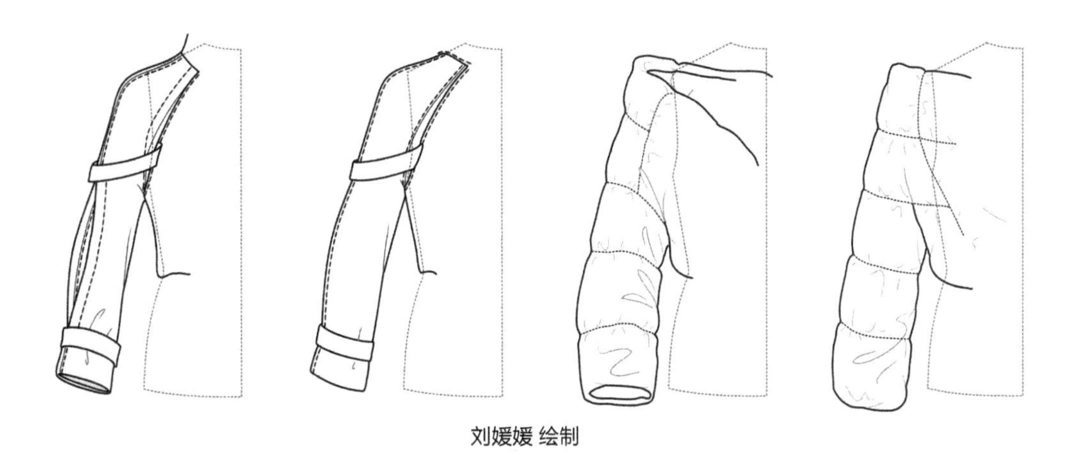

刘媛媛 绘制

3.3 裤脚的绘制方法

裤脚是指裤腿底端的部位，根据脚口大小可分为小脚口和大脚口。

3.3.1 裤脚的手绘方法

01 用0.5mm自动铅笔围绕服装设计款式图人体模板的外边沿，描绘出人体腿部的基本形。

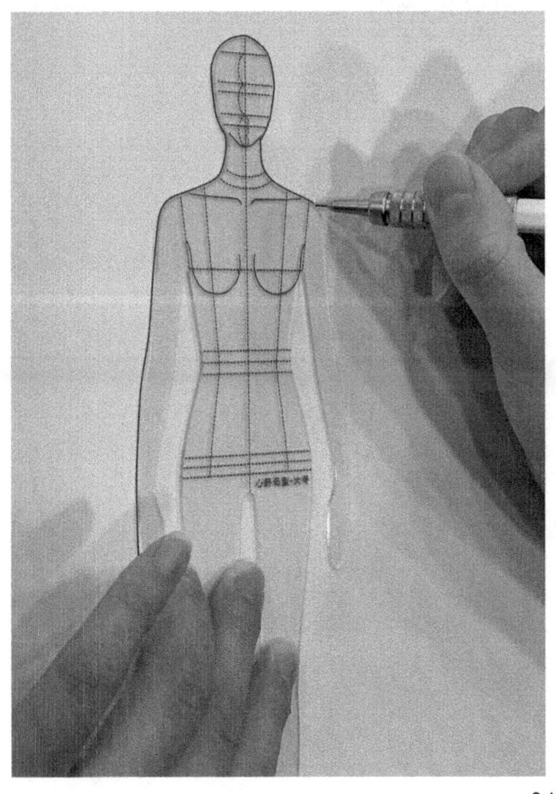

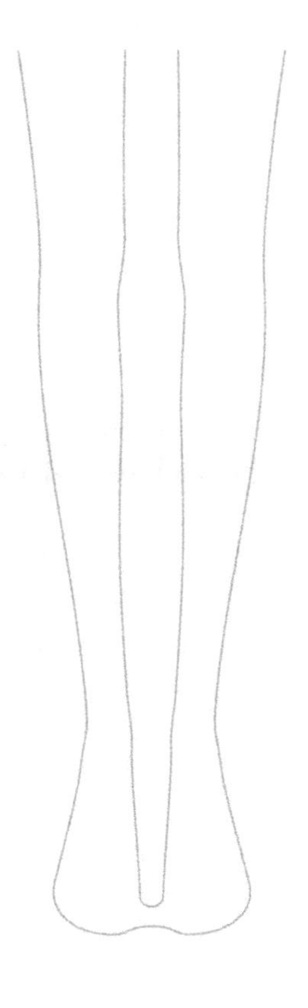

01

02 参考人体腿部的基本形，先绘制裤脚的内廓形线，再绘制裤脚的外廓形线。

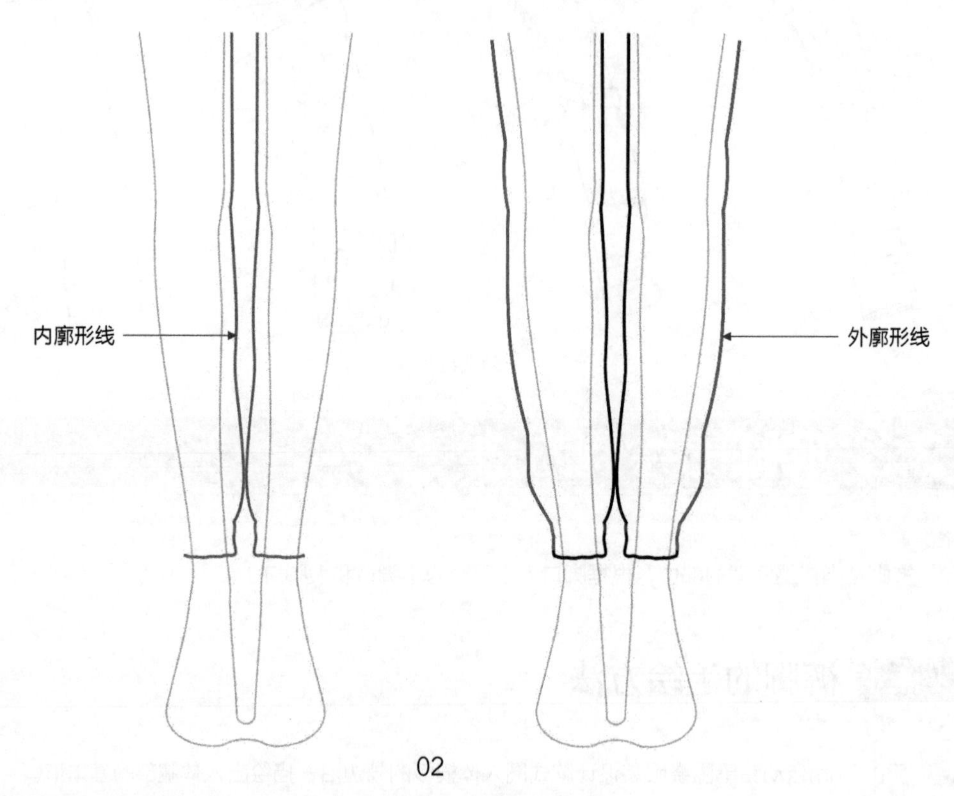

02

03 确定裤脚的款式结构和大小，再绘制出裤脚的工艺抽褶和止滑扣。

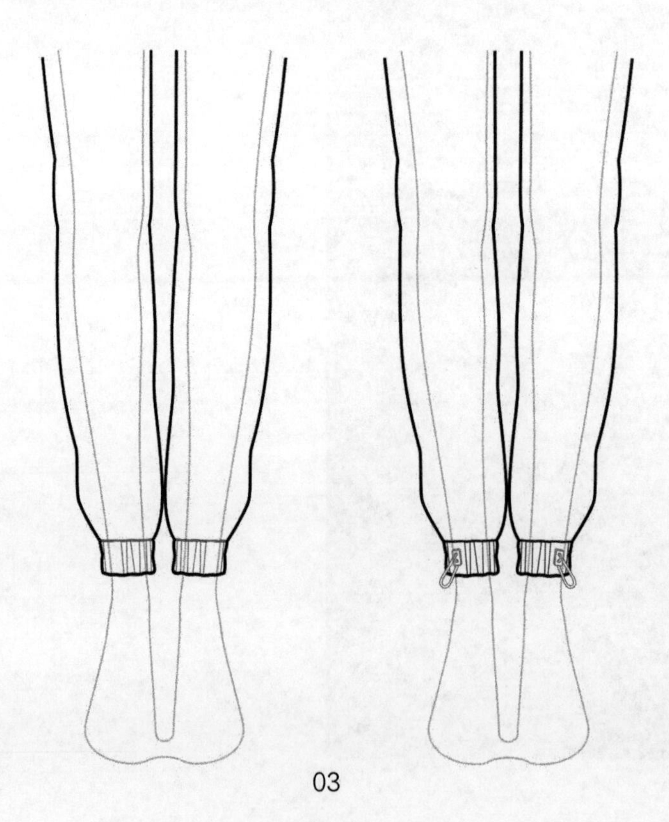

03

04 绘制出衣纹线，然后擦除人体腿部的基本形，完成裤脚的绘制。

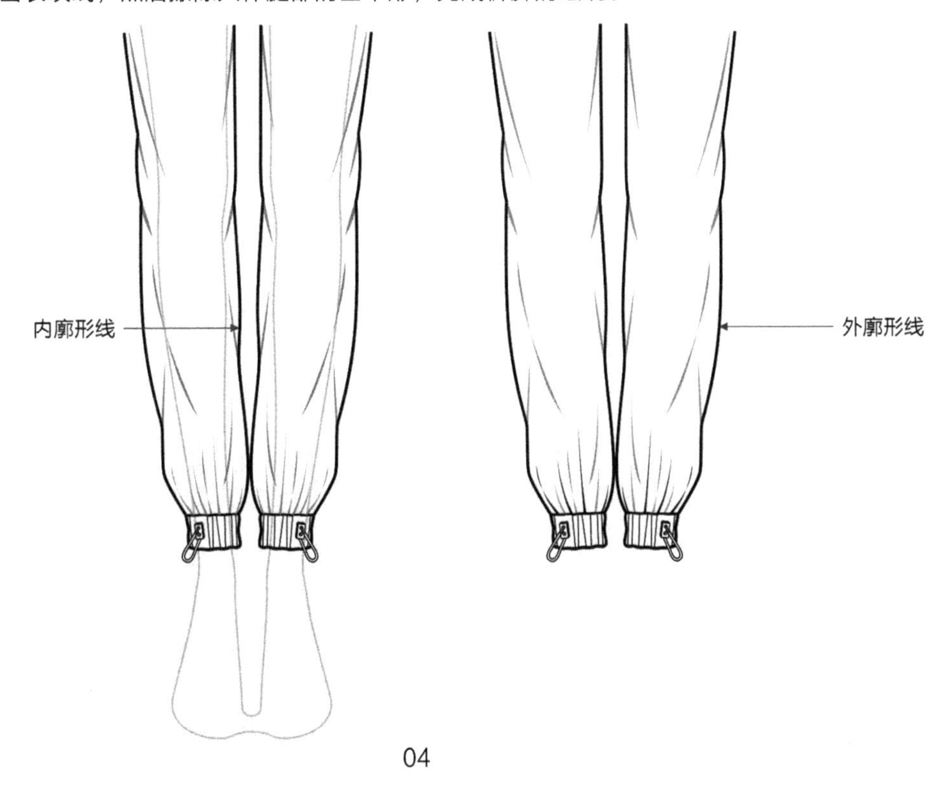

04

3.3.2 各种裤脚的手绘表现

常见的裤脚款式有抽绳式、抽褶式、收省式、开叉式、翻边式、钉扣式、罗纹式、毛边式、花边式和镶边式等。

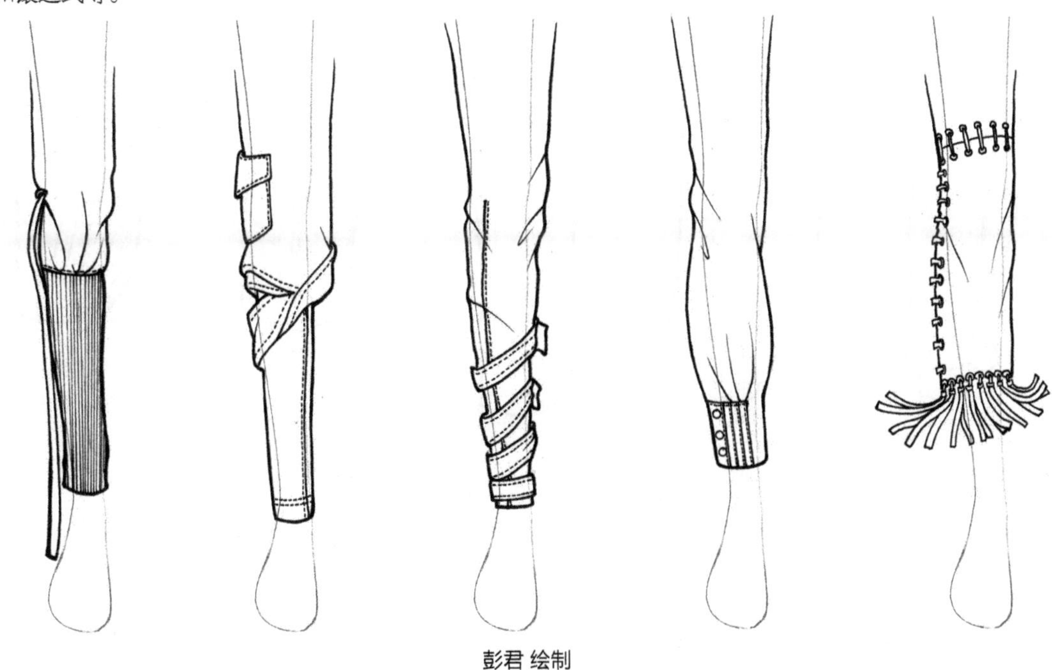

彭君 绘制

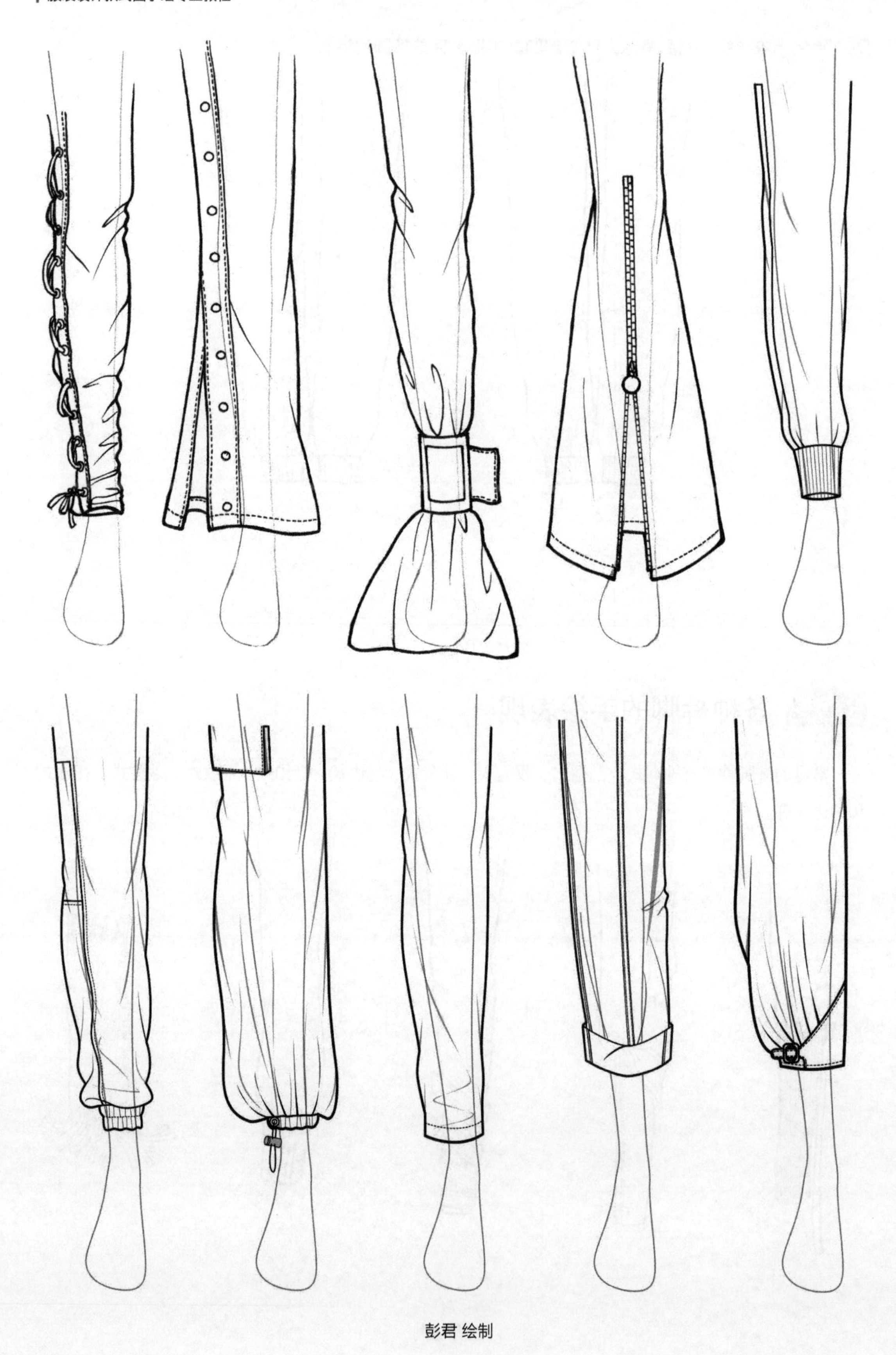

彭君 绘制

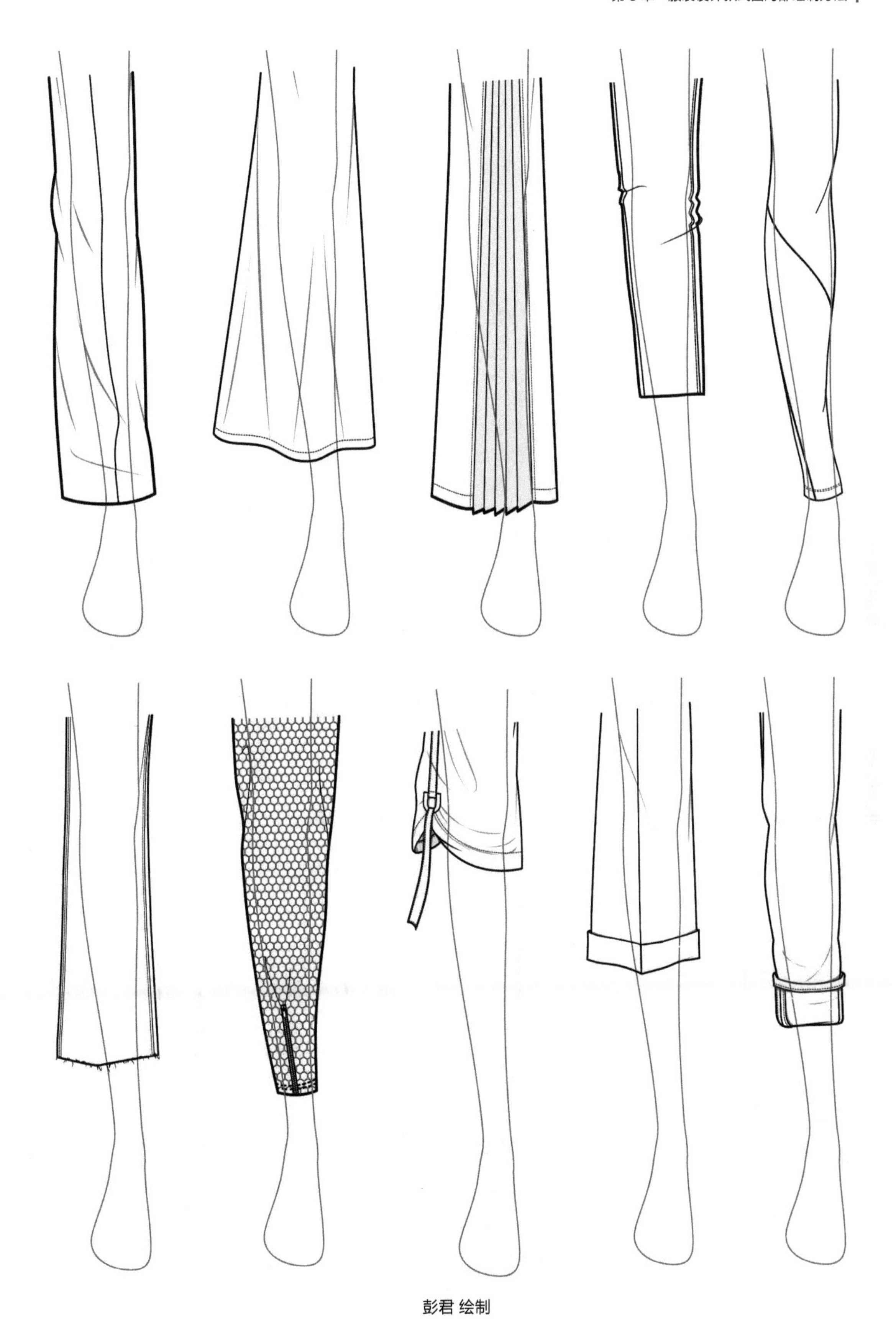

彭君 绘制

3.4 裙摆的绘制方法

裙摆是指裙子的底边部位，根据大小变化可分为大裙摆、小裙摆和紧身裙摆。

3.4.1 裙摆的手绘方法

01 根据裙摆的廓形和大小，先绘制出裙摆的左右侧缝线，再绘制出裙底的摆线。

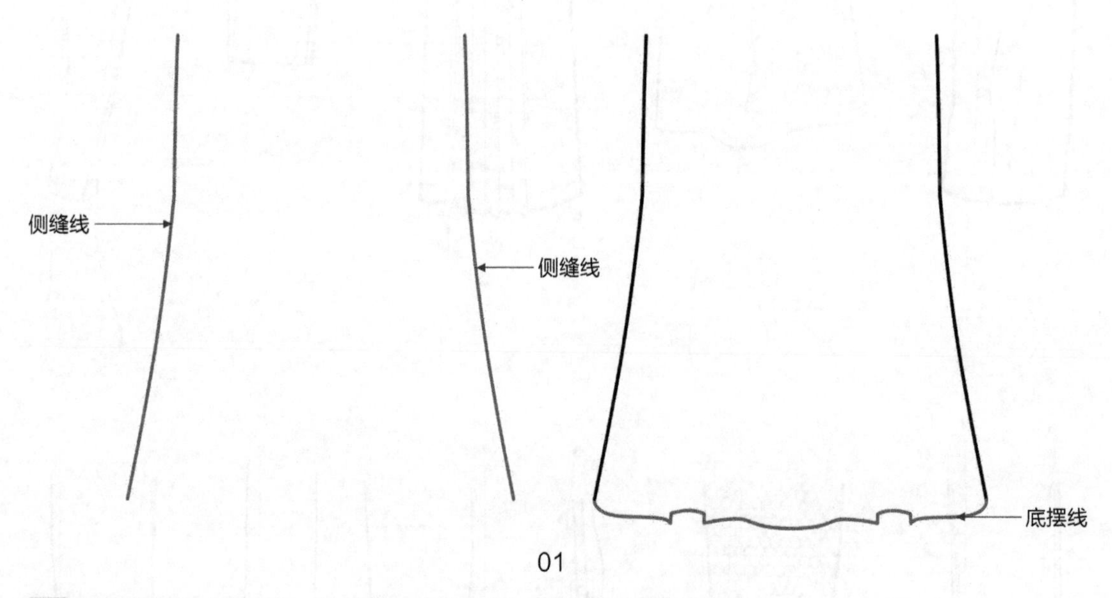

01

02 根据裙摆的内部结构，先绘制开衩结构线，再绘制裙摆的明辑线。

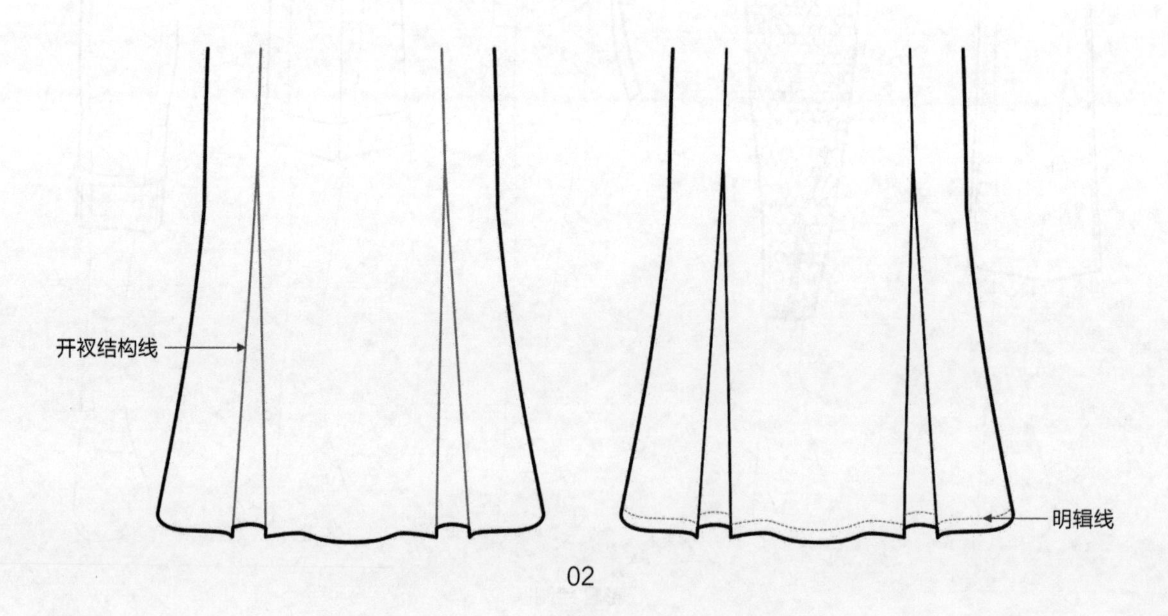

02

03 绘制出衣纹线，完成裙摆的绘制。

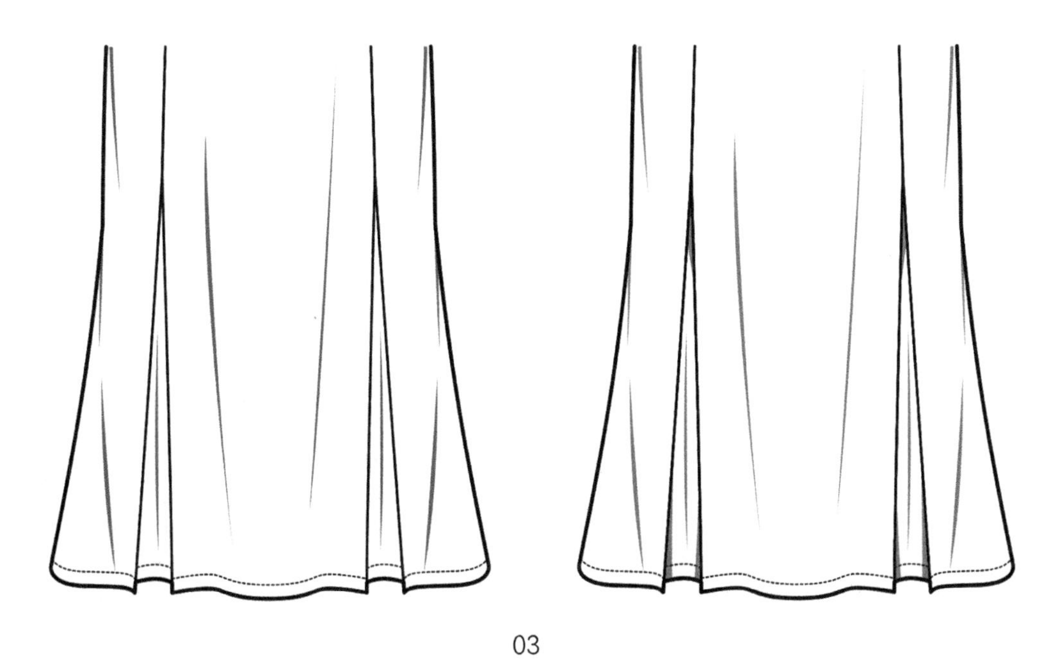

03

3.4.2 各种裙摆的手绘表现

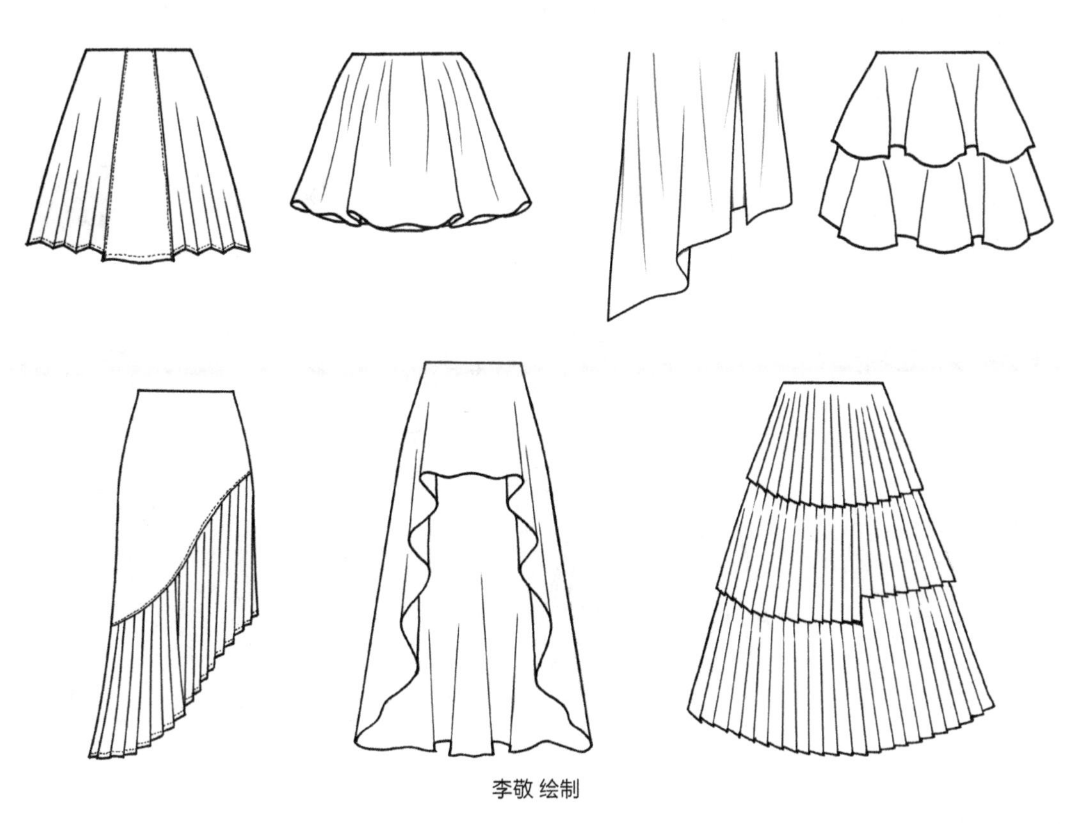

李敬 绘制

李敬 绘制

3.5 口袋的绘制方法

口袋又称为“兜”，是用于放置随身物品的部件，在服装上以实用功能为主。

3.5.1 口袋的手绘方法

01 根据口袋的廓形和大小，先绘一个矩形定位框，再绘制出袋盖线。

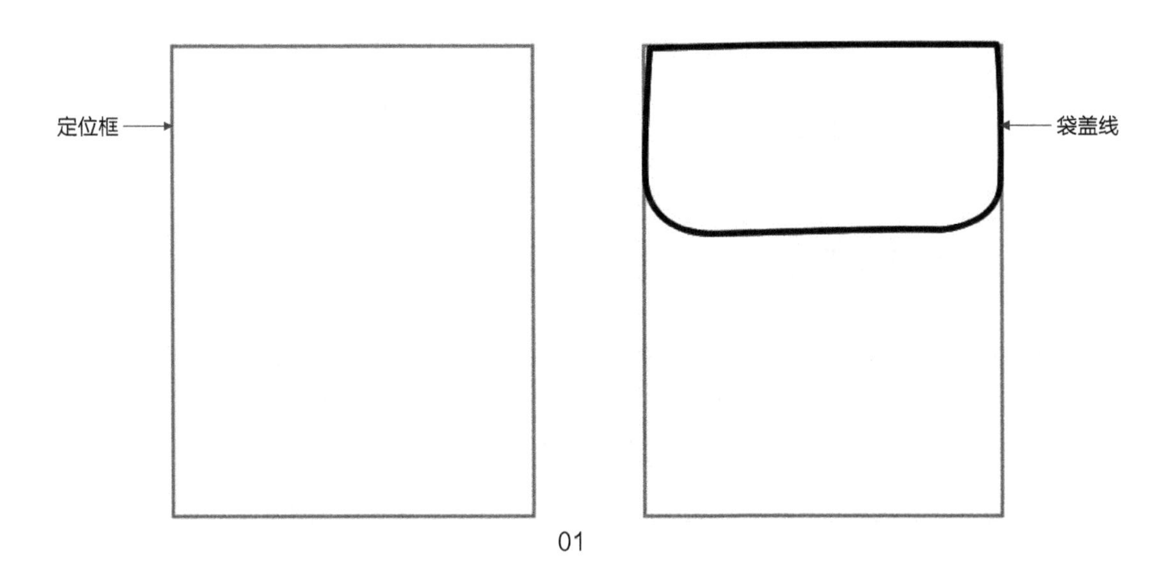

01

02 根据口袋的廓形，先绘制外轮廓线，再绘制出内部结构线。

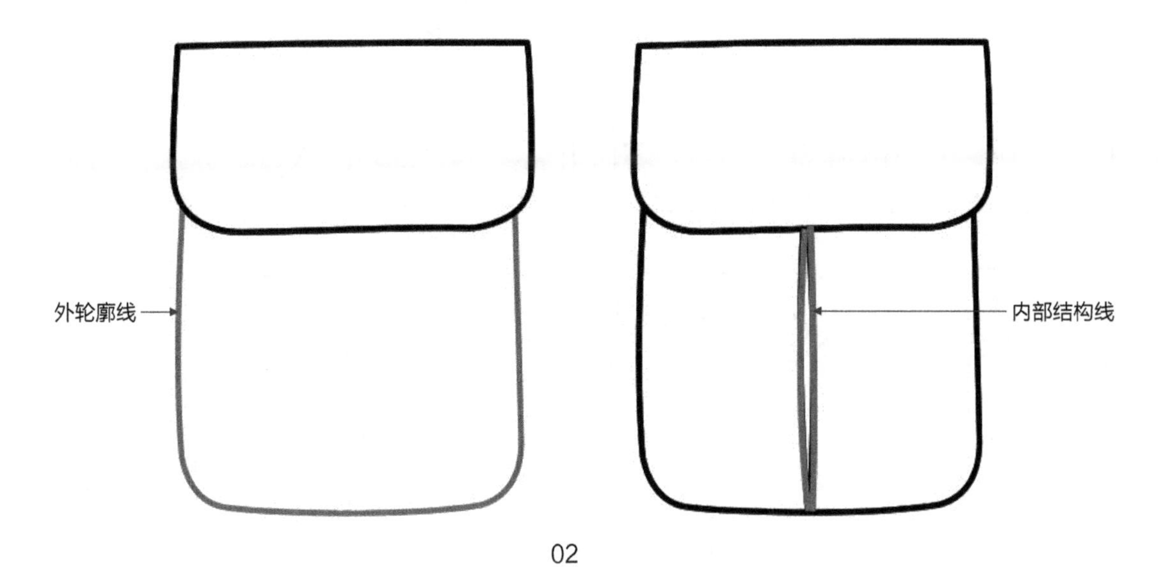

02

03 绘制出工艺线（明辑线），完成口袋的绘制。

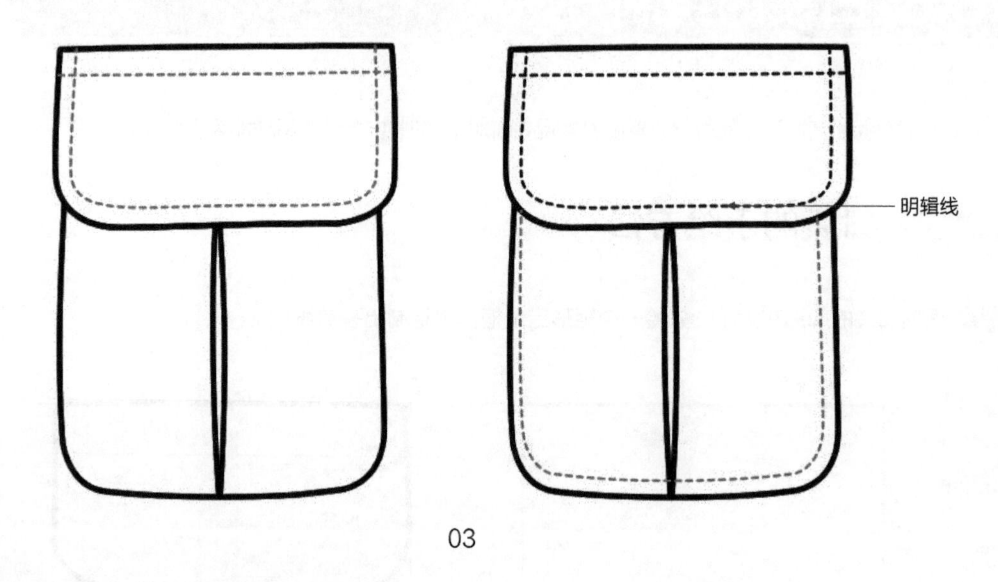

03

3.5.2 各种口袋的手绘表现

口袋主要是为了方便放置随身物品而设计的，以实用性为主。有时也会根据需要，设计出装饰性的口袋。设计口袋的大小和位置时要注意使其与服装的相应部位的大小和位置相协调。用口袋作为装饰设计时，要注意所采用的装饰手法要与服装的整体风格协调。

根据口袋的款式特征可分为贴袋（平贴袋、立体袋）、挖袋（开线挖袋、嵌线挖袋、有盖挖袋）和插袋（弧形插袋、直插袋、斜插袋）。

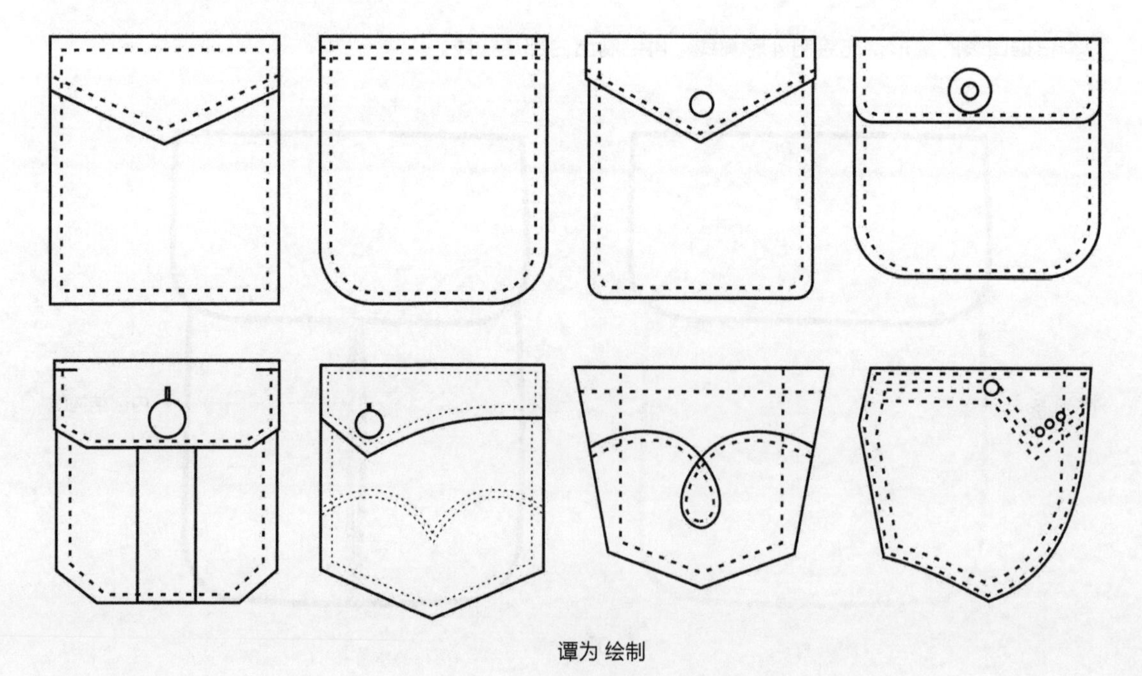

谭为 绘制

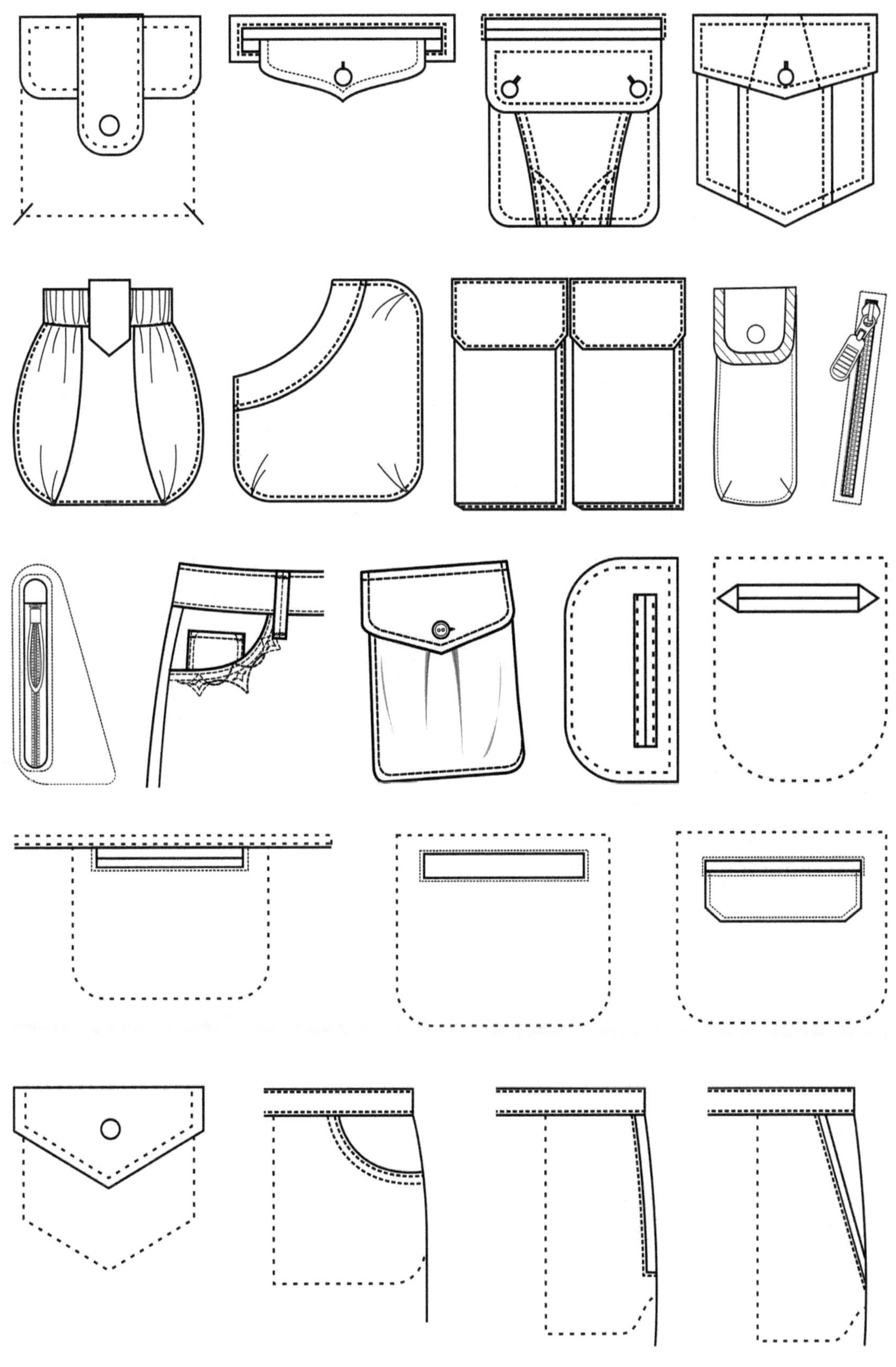

谭为 绘制

3.6 服装配件及饰品的手绘表现

3.6.1 配件

配件是服装上用于装饰和扩展功能的材料，常见的有拉链、纽扣、珠片、织带、花边、章贴、勾环、挂件和松紧带等。服装企业的设计师在绘制配件时，会采用文字标注或将实物拍成照片粘贴于设计图纸上的方式来完成服装设计款式图。

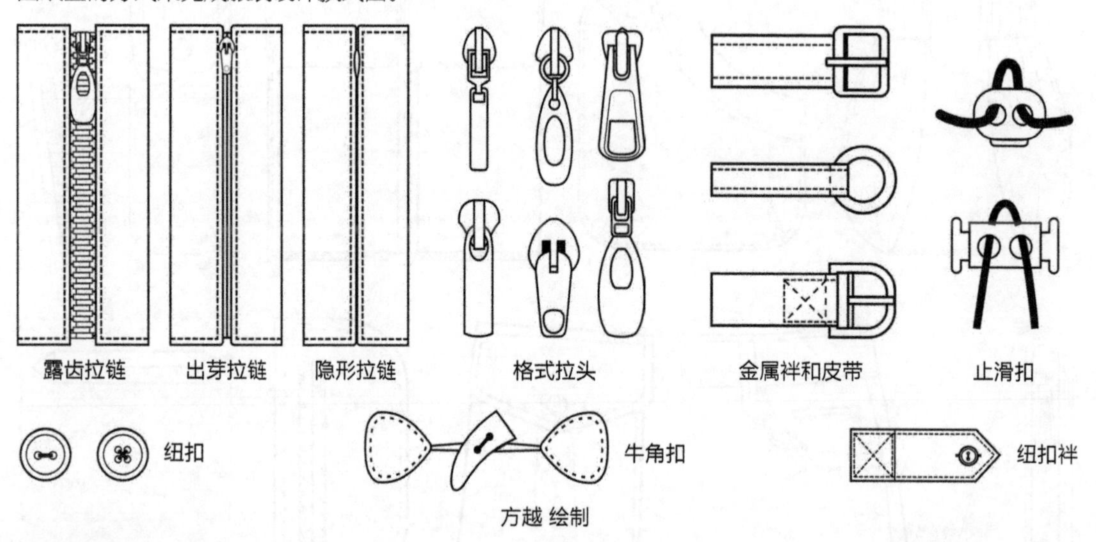

方越 绘制

3.6.2 饰品

饰品是在穿搭服装时选用的配件，以帽子、包包、皮带、项链、手环、丝巾、眼镜、蝴蝶结和发饰等为主。服装企业的设计师会开发与整盘货相搭配的饰品，以增加产品的连带销售量。

汪素雅 绘制

第4章 服装设计款式图绘制技法——女装篇

女装是指穿着在女性身上的服装，款式丰富多样。女装设计工作通常涉及内衣、T恤衫、衬衣、外套、大衣、礼服、裙装、裤子等。在进行女装外部轮廓与内部结构设计时，多采用A形、H形、X形、T形、Y形、O形、V形轮廓，内部结构采用曲线与直线结合的设计形式。女装制作工艺多采用抽纱、镂空、缀补、打褶、镶拼、绗缝、刺绣、扳网、绲边、花边、盘花扣、编织和编结等手法。在绘制女装款式图时，应注重整体与局部的关系，衣长与袖子、胸、腰、臀的比例关系，以及领口、袖口、门襟、口袋、裙摆、脚口、分割线、省道、装饰线的设计变化等。本章以模板绘制法讲解女装正背面款式图的绘制方法。

4.1 内衣款式图绘制

女性内衣包括文胸和内裤等。文胸按罩杯大小可以分为4/4全罩杯文胸、3/4罩杯文胸、1/2罩杯文胸，内裤按腰位分为高腰型内裤、中腰型内裤和低腰型内裤。

4.1.1 文胸的结构

后比：帮助罩杯承托胸部并固定文胸的位置，一般使用弹性强度大的材料。

钢圈：环绕乳房半周，可以支撑和改善乳房形状并起到定位的作用。

侧比：文胸的侧部，起到定型的作用。

杯位：分为上托和下托，是文胸最重要的部分，有保护双乳、塑形的作用。

饰扣：起装饰、点缀作用。

鸡心：文胸的正中间部位，起定型作用。

下扒：支撑胸部，以防乳房下垂，并可以将多余的赘肉慢慢移入杯位。

肩带：可以进行长度调节，利用肩膀吊住罩杯，起到承托作用。

比弯：靠近手臂的位置，起固定、支撑、聚拢副乳的作用。

肩扣：分为圈扣和调节扣，圈扣是连接肩带与文胸的金属环，也叫O形扣；调节扣起调节肩带长度的作用，一般选用08扣或89扣配套使用。

后背钩：可以根据下胸围的尺寸进行调节，一般有3排扣可供选择。

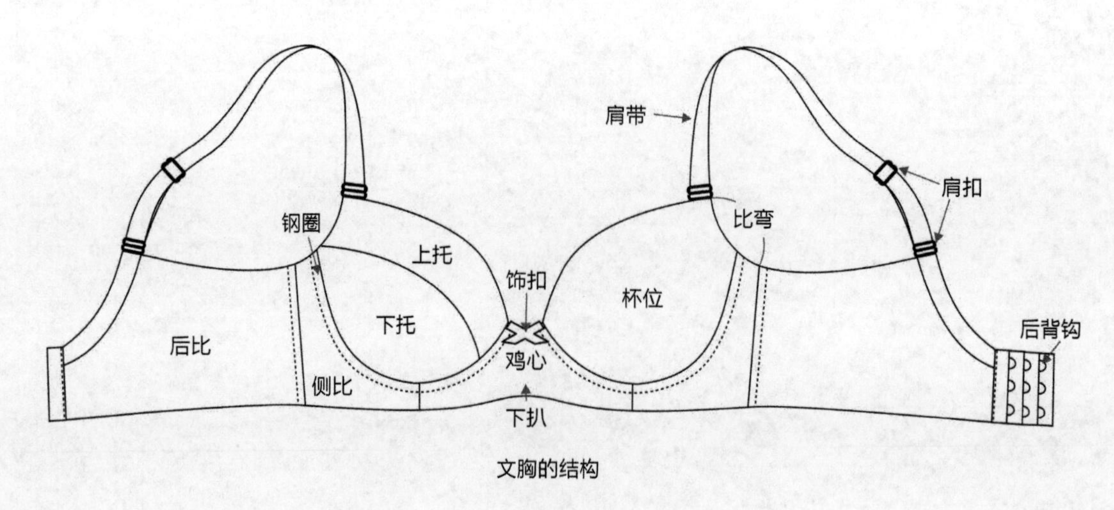

文胸的结构

4.1.2 文胸的罩杯分类

4/4全罩杯文胸： 包容性、稳定性及承托聚拢效果更好，可以使胸部外观更挺拔而不臃肿，适合乳房丰满的女性穿着。

3/4罩杯文胸： 主要起聚拢（集中）作用，包容效果适中、聚拢效果好，适合大多数女性穿着。

1/2罩杯文胸： 能起到良好的抬托胸部的作用，使胸部看起来更浑圆，适合乳房较小的女性穿着。

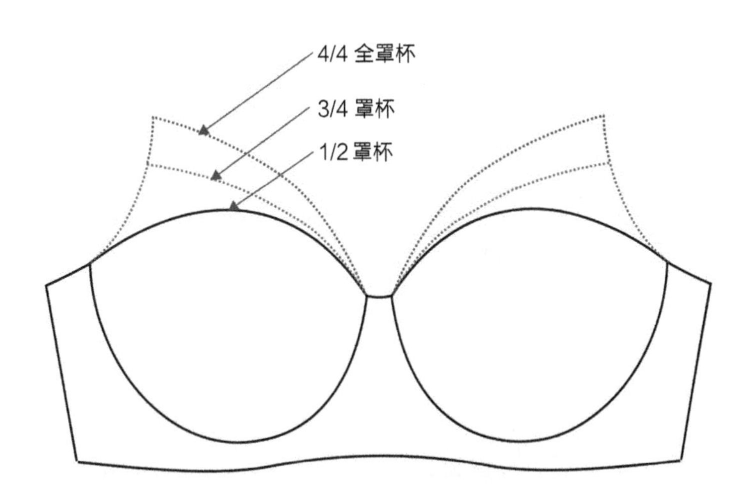

4.1.3 内裤的腰位分类

高腰型内裤： 腰线高度平于或高于肚脐，有很好的收腰效果，适合腰部曲线感不强的女性穿着。

中腰型内裤： 腰线高度在肚脐以下8cm内，也有较好的收腰效果，适合大多数女性穿着。

低腰型内裤： 腰线高度低于肚脐以下8cm，适合腹部较平坦的女性穿着。

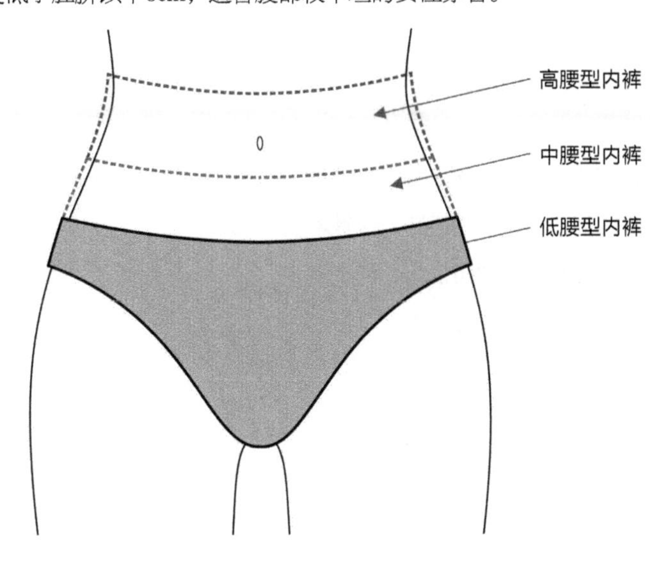

4.1.4 内衣款式图绘制实例解析

扫码看视频

01 绘制服装人台基本形。用0.5mm的自动铅笔围绕服装设计款式图人台模板的外边沿，描绘出服装人台基本形。再根据模板标记线的位置，画出中心线、胸部线、腰部线和裆底线。

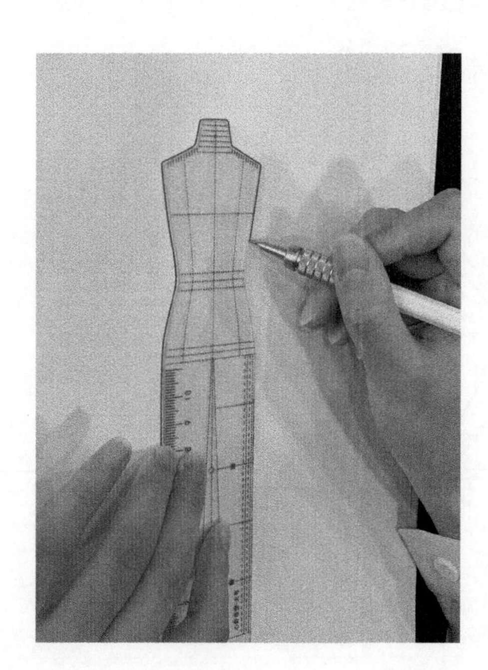

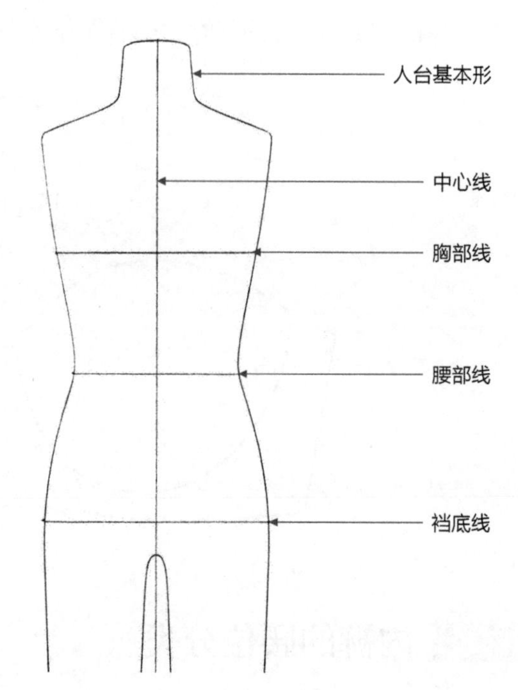

01

02 绘制肩带和杯位上口线。根据文胸肩带和杯位上口线的外形特征，在服装人台基本形上先确定肩带和杯位的定位线，再参考定位线绘制出肩带和杯位上口线。

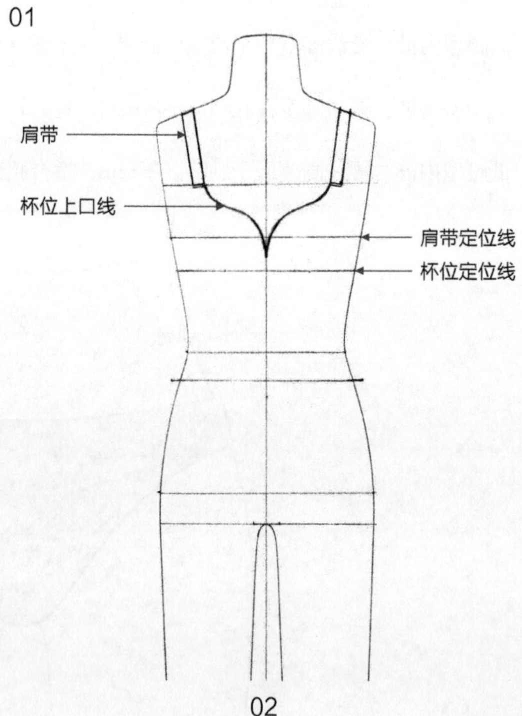

02

03 绘制罩杯和内裤的基本形。根据文胸杯位大小和内裤的外形特征，参考胸部线、腰部线、裆底线和杯位定位线，完成罩杯和内裤的基本形绘制。

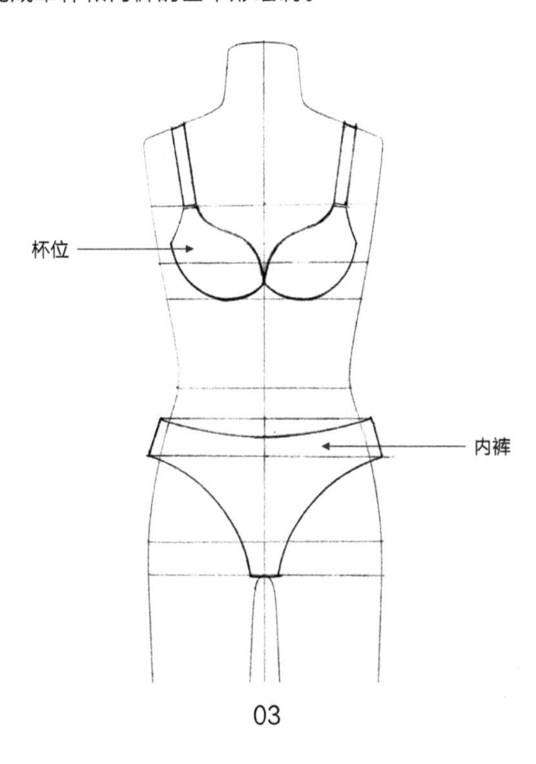

03

04 绘制后比和下扒。根据文胸的整体廓形特征，确定其宽度和长度，绘制出文胸后比和下扒的形状。

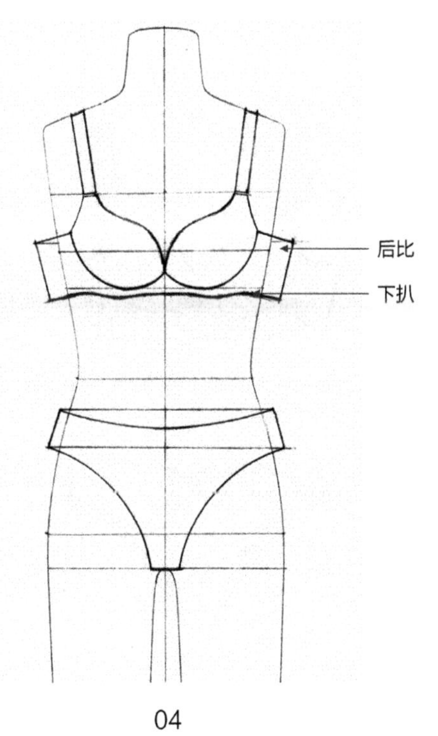

04

05 绘制局部细节和内部结构。根据文胸的局部细节和内部结构特征，描绘出花边、9字扣、蝴蝶结、钢圈和缝迹线（虚线）等。

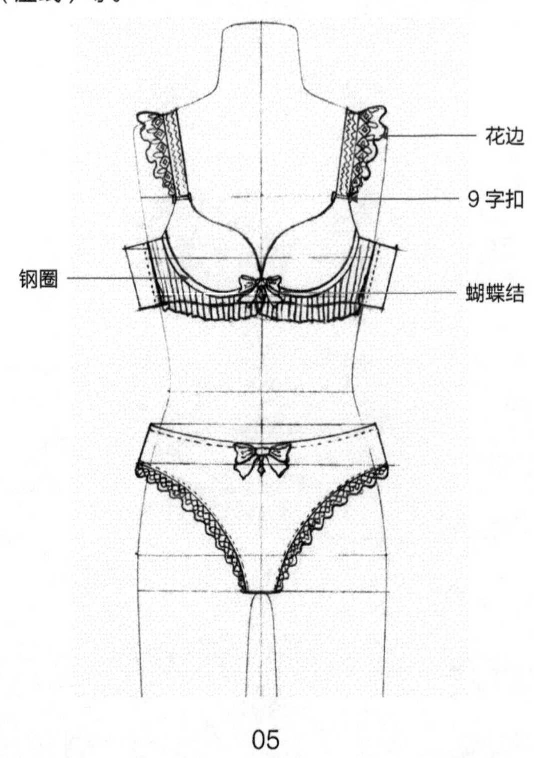

05

06 勾勒线条。用02号勾线笔勾勒出文胸的外轮廓线，用01号勾线笔勾勒出局部细节及内部结构线，用005号勾线笔勾勒出缝迹线（虚线）。

06

07 擦除铅笔稿，完成正面款式图的绘制。用4B橡皮将起稿的铅笔线擦除干净，完成文胸正面款式图的绘制。

07

08 完成背面款式图的绘制。根据文胸正面款式图的绘制步骤，完成背面款式图的绘制。

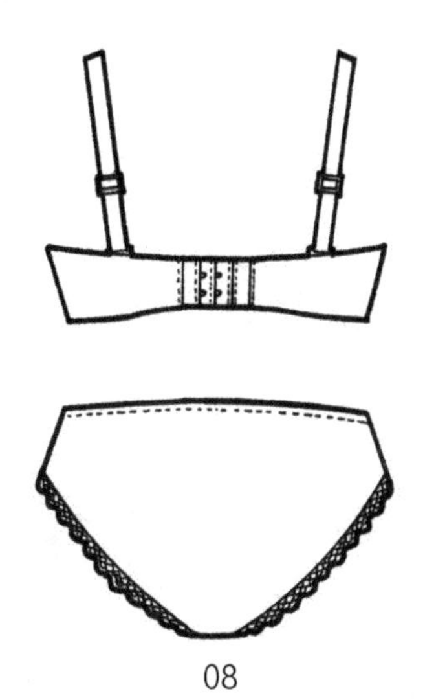

08

4.1.5 内衣款式图赏析

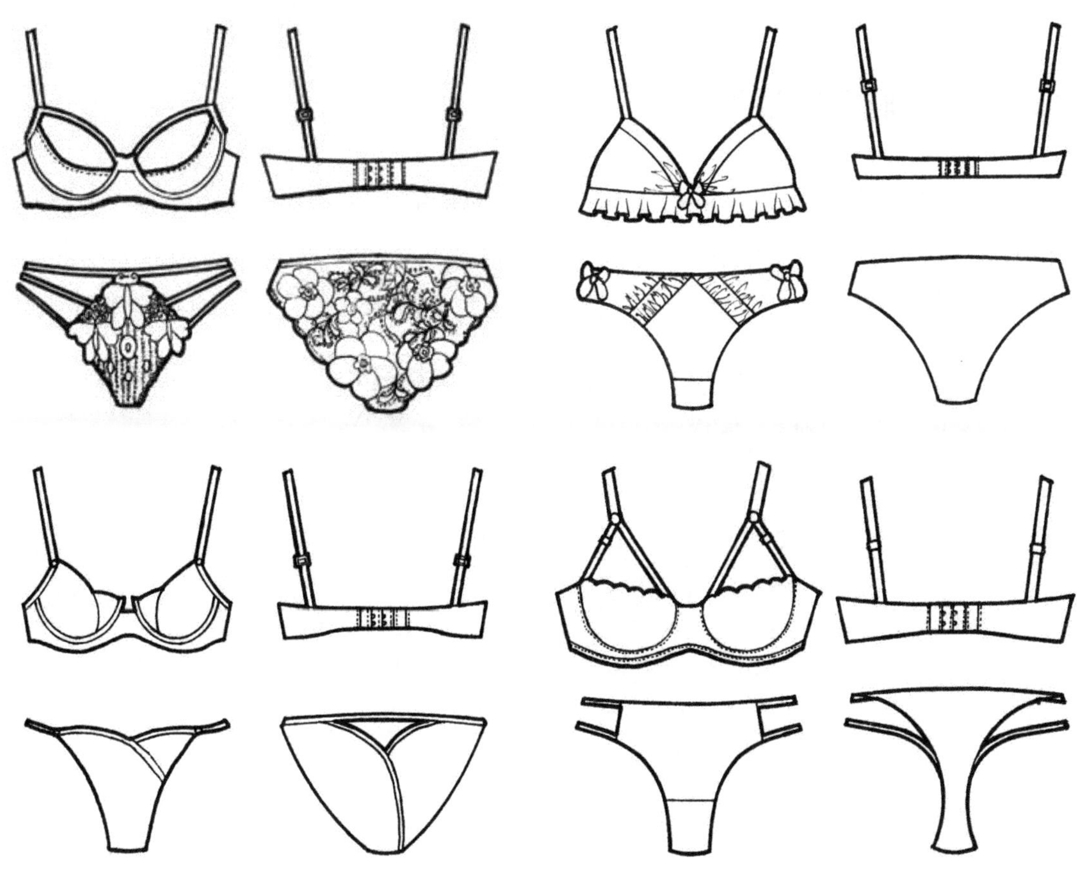

4.2 T恤衫款式图绘制与赏析

T恤衫又称T形衫，起初是内衣，而且是翻领半开领衫，后来才发展成外衣。T恤衫包括T恤汗衫和T恤衬衫两个系列，有袖式、背心式、露腹式3种形式。T恤衫具有自然、舒适、休闲的特点，深受人们喜爱。T恤衫的款式设计点以领口、下摆、袖口及相应图案为主。在绘制图案时，一般要求设计师制作出1：1的样图并标注出印花工艺。

4.2.1 T恤衫的结构

T恤衫的结构比较简单，由后领圈、前领圈和袖窿、侧边缝、下摆、衣身、袖口、袖子、肩斜等构成。

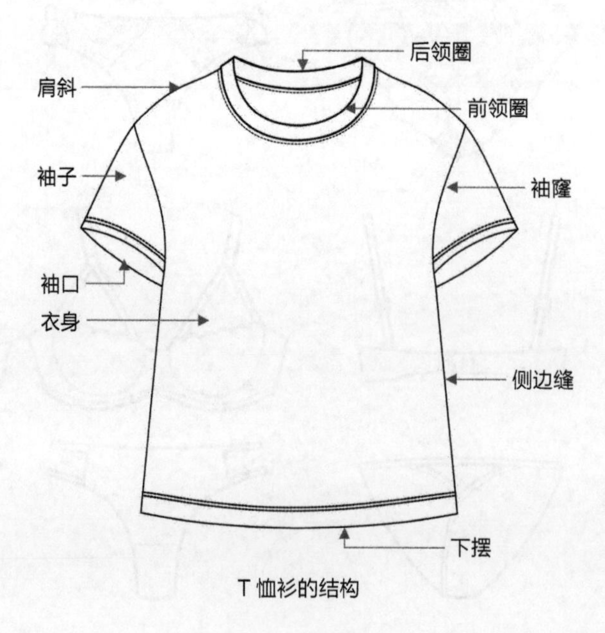

T恤衫的结构

4.2.2 T 恤衫的长度分类

短款T恤衫：衣长在肚脐以上，适合腰细的年轻女性穿着。

常规款T恤衫：衣长在臀部上下，适合大多数女性穿着。

长款T恤衫：衣长在臀部以下10cm，适合身材高挑的女性穿着。

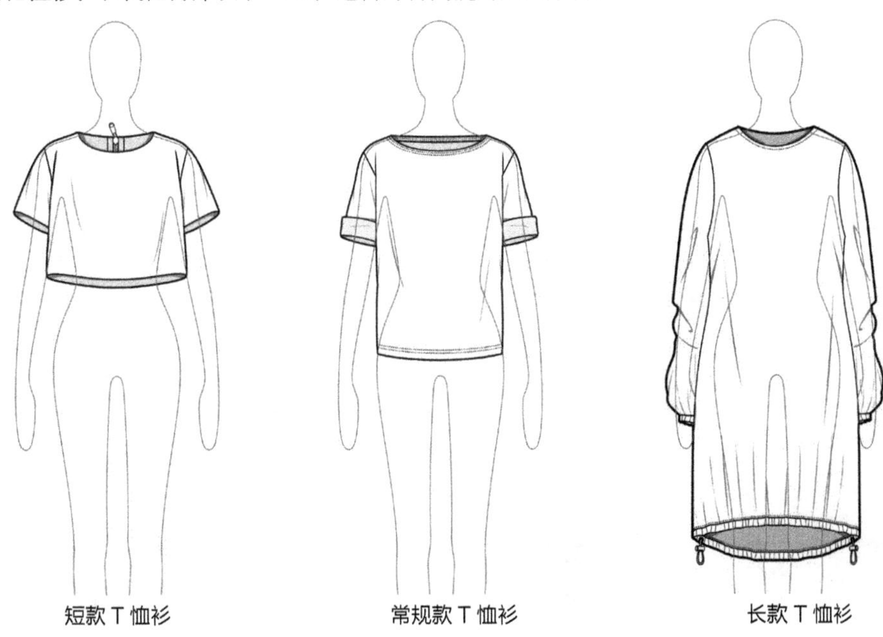

短款 T 恤衫　　常规款 T 恤衫　　长款 T 恤衫

4.2.3 T 恤衫的宽度分类

紧身型T恤衫：贴紧人体的衣型，适合胸、腰、臀曲线感强的女性穿着。

适身型T恤衫：与人体之间有一定放松量的衣型，适合大多数女性穿着。

宽松型T恤衫：与人体之间有较大放松量的衣型，适合腰围、臀围较大的女性穿着，以起到扬长避短的作用。

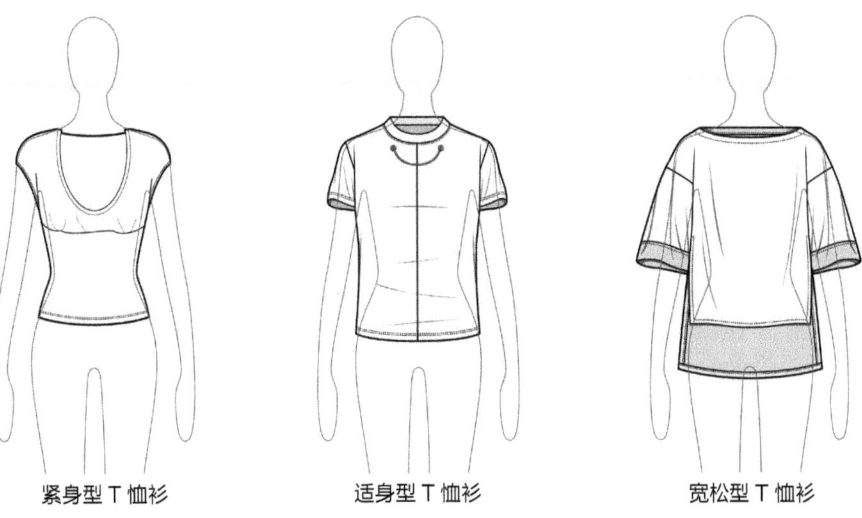

紧身型 T 恤衫　　适身型 T 恤衫　　宽松型 T 恤衫

4.2.4 T恤衫款式图绘制实例解析

扫码看视频

01 绘制服装人台基本形。用0.5mm的自动铅笔围绕服装设计款式图人台模板的外边沿，描绘出服装人台基本形。根据模板标记线的位置，画出中心线、胸部线、腰部线和裆底线。

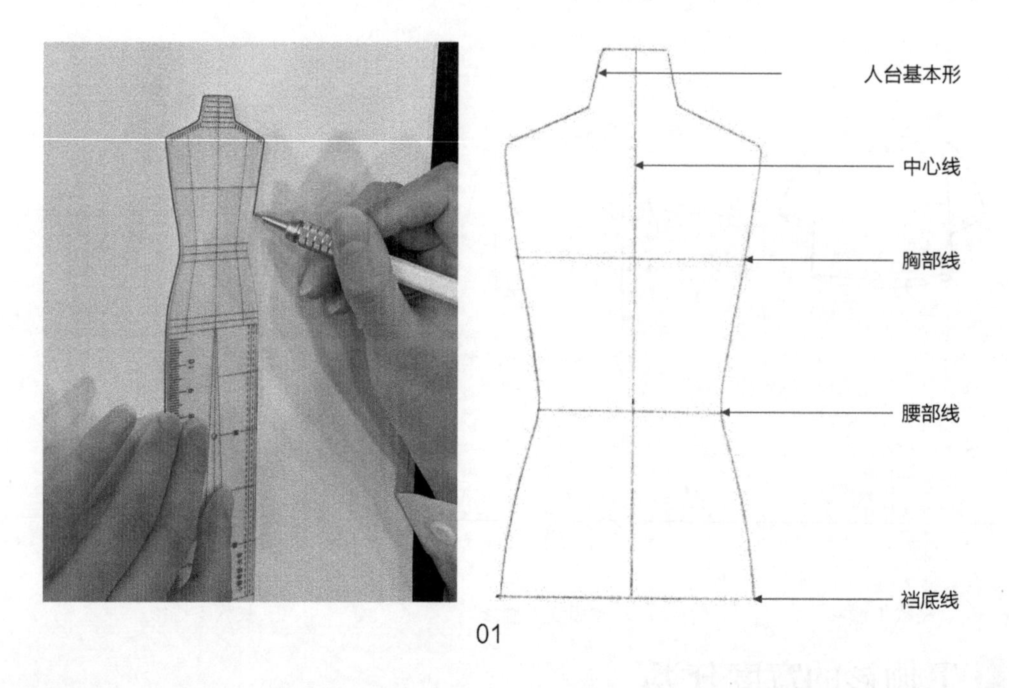

01

02 绘制领口基础线。根据T恤衫领型的外形特征，参考服装人台基本形和胸部线，绘制出前、后领口的基础线。

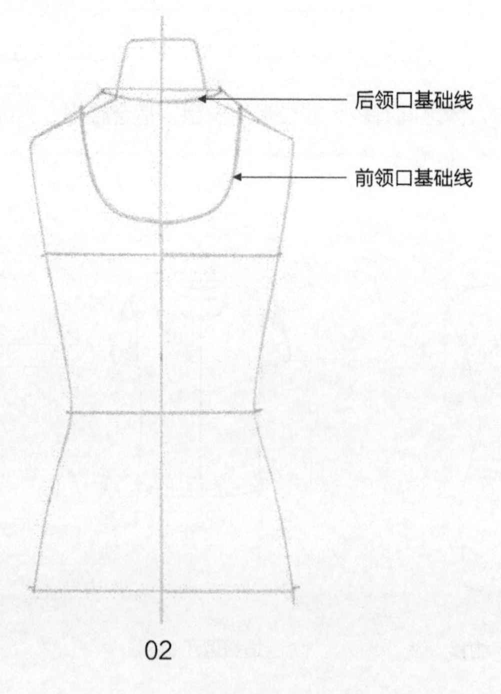

02

03 绘制衣身的基本形。根据T恤衫的衣身廓形特征，参考服装人台基本形、腰部线和裆底线，确定肩宽、下摆宽度和衣身长度，绘制出衣身的基本形。

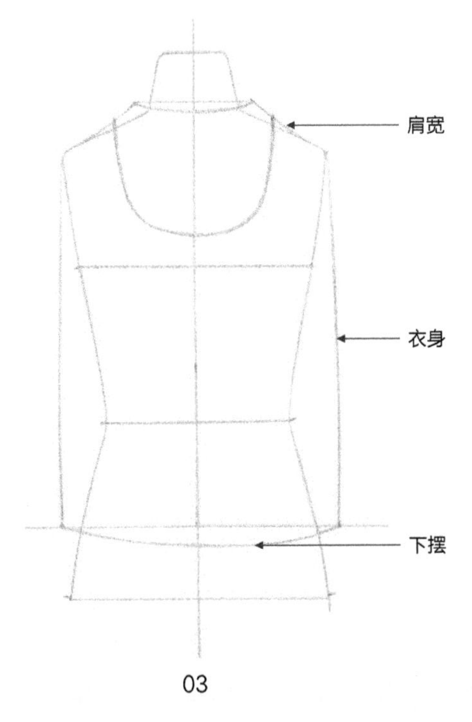

03

04 绘制袖子的基本形。根据T恤衫的袖子廓形特征，确定袖子的长度和袖口的宽度，绘制出袖子的基本形。

注：先画袖口线，确定袖子的长度；再画袖子的内侧线和外侧线，确定袖子的宽度 。

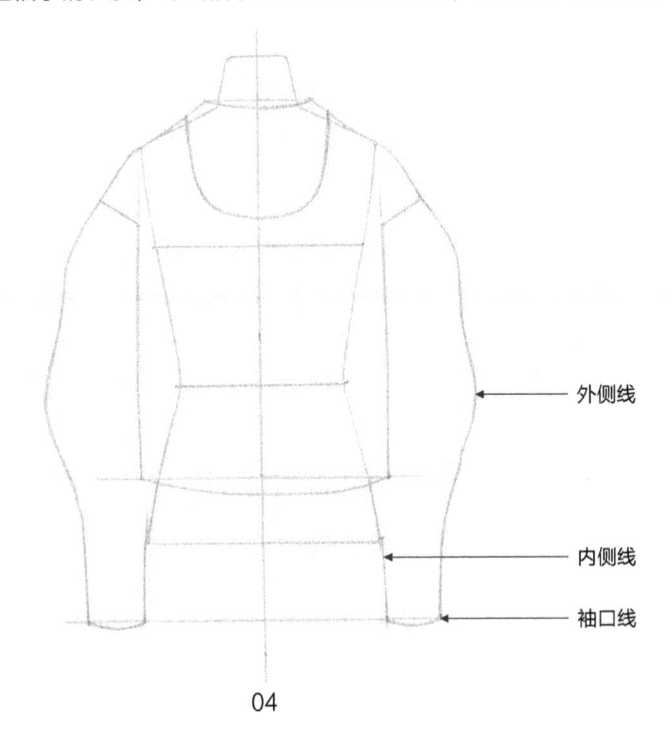

04

05 绘制局部细节和内部结构。根据T恤衫的局部细节和内部结构特征，绘制出装饰扣和领口处的设计变化等细节。

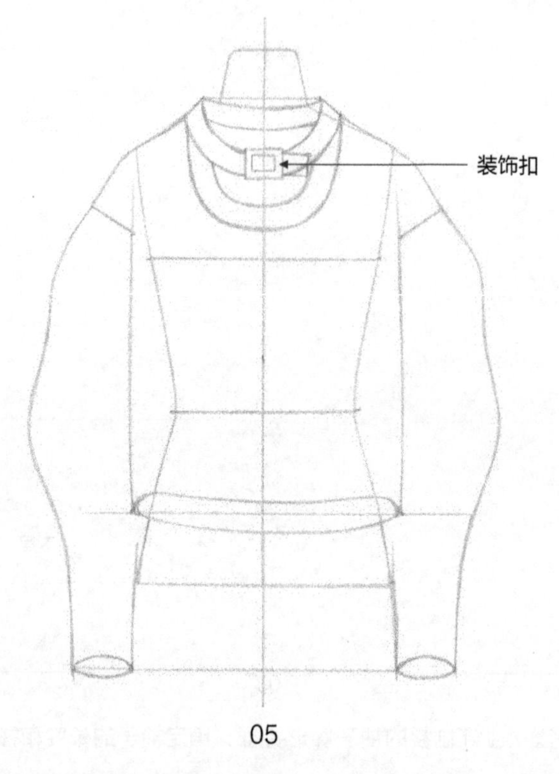

05

06 勾勒线条。用02号勾线笔勾勒T恤衫的外轮廓线，用01号勾线笔勾勒局部细节等，用005号勾线笔勾勒缝迹线（虚线）。

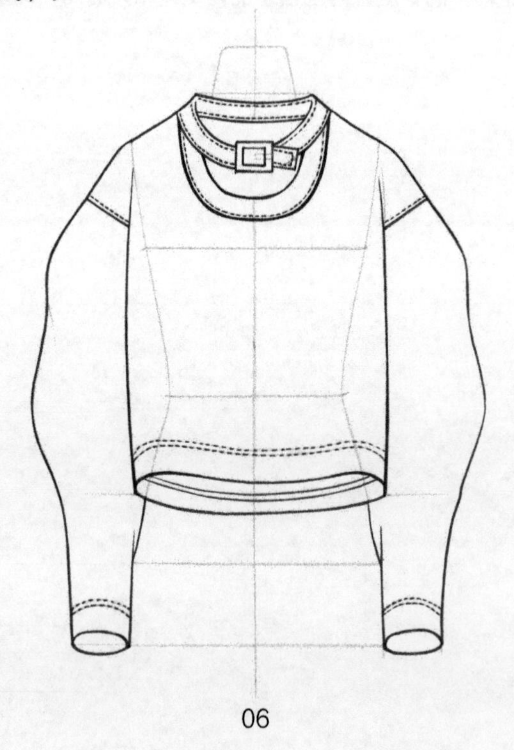

06

07 擦除铅笔稿，完成正面款式图的绘制。用4B橡皮将起稿画的铅笔线擦除干净，然后用005号勾线笔勾勒衣纹线（线条要有轻重变化），完成T恤衫正面款式图的绘制。

08 完成背面款式图的绘制。根据T恤衫的正面款式图的绘制步骤，完成T恤衫背面款式图的绘制。

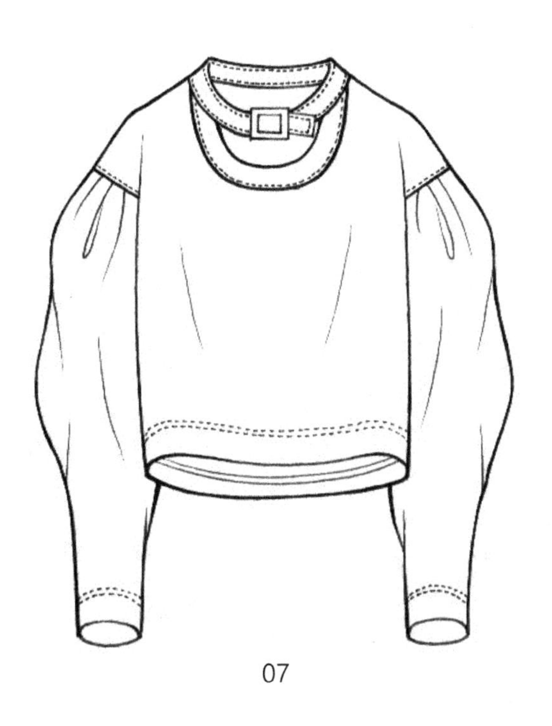

07

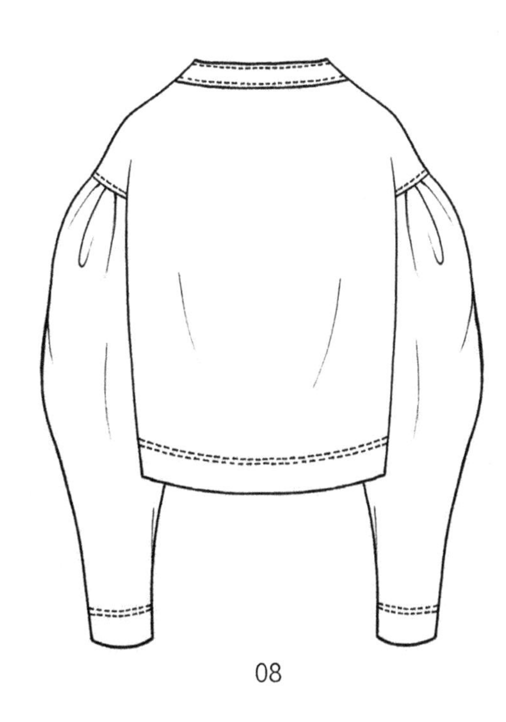

08

4.2.5 T 恤衫款式图赏析

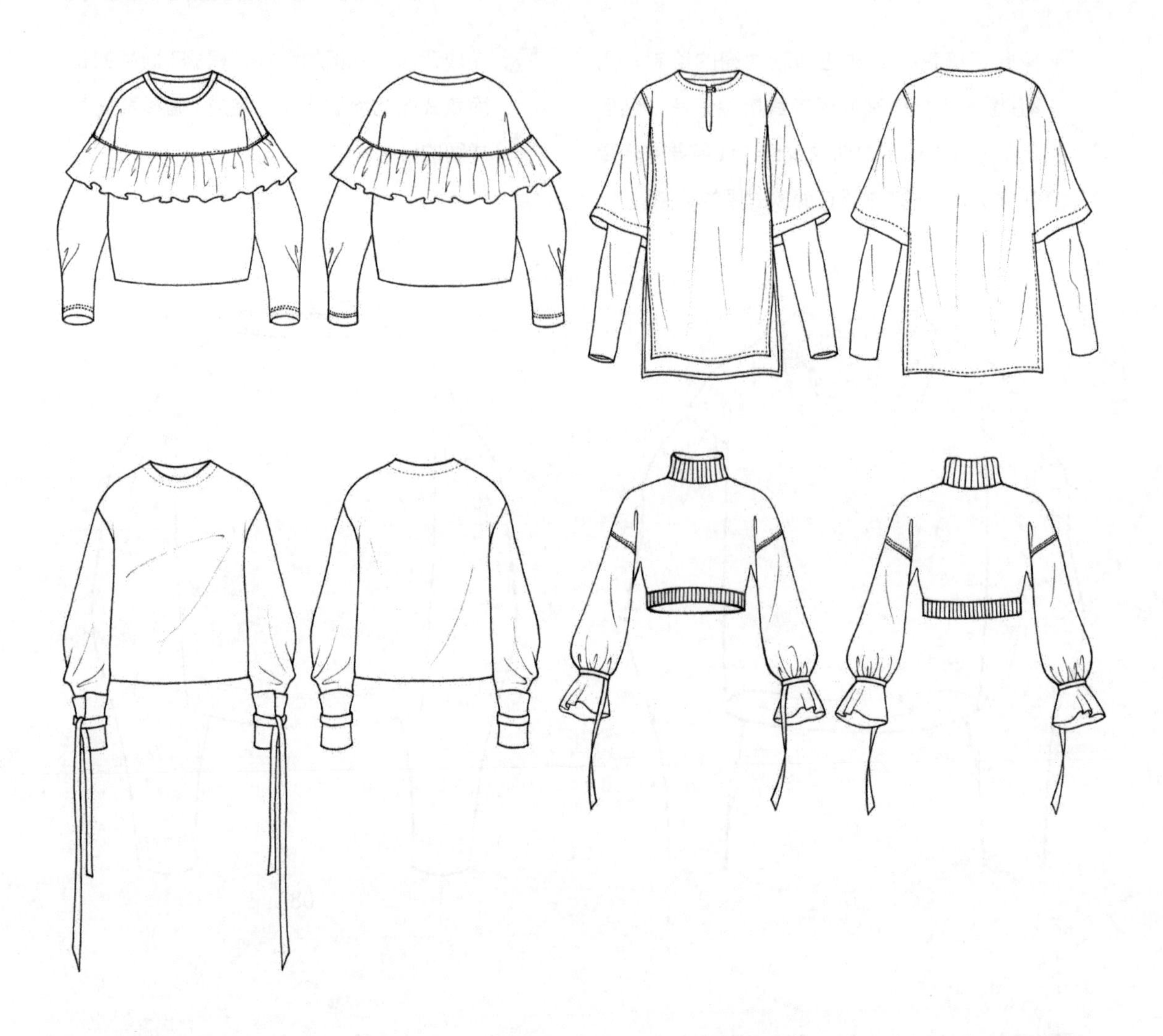

4.3 衬衣款式图绘制与赏析

设计女式衬衣时，领子是关键。常见的有标准领、尚角领、温莎领、长尖领、异色领、暗扣领、立领、纽扣领和礼服领等。从风格上分类，衬衣有英式衬衣、美式衬衣和法式衬衣等。英式衬衣袖子肥度较大，衣身较宽松，基本属于正装类衬衣；美式衬衣与英式衬衣在设计上差不多，适合休闲度假或居家时穿着；法式衬衣是当今最优雅的衬衣，有漂亮的叠袖与袖扣，适合搭配西装式礼服。

4.3.1 衬衣的结构

衬衣的结构由领子、领座、肩斜、育克、衣身、省道、门襟、下摆、纽扣、袖窿、袖子、袖克夫和袖口等构成。

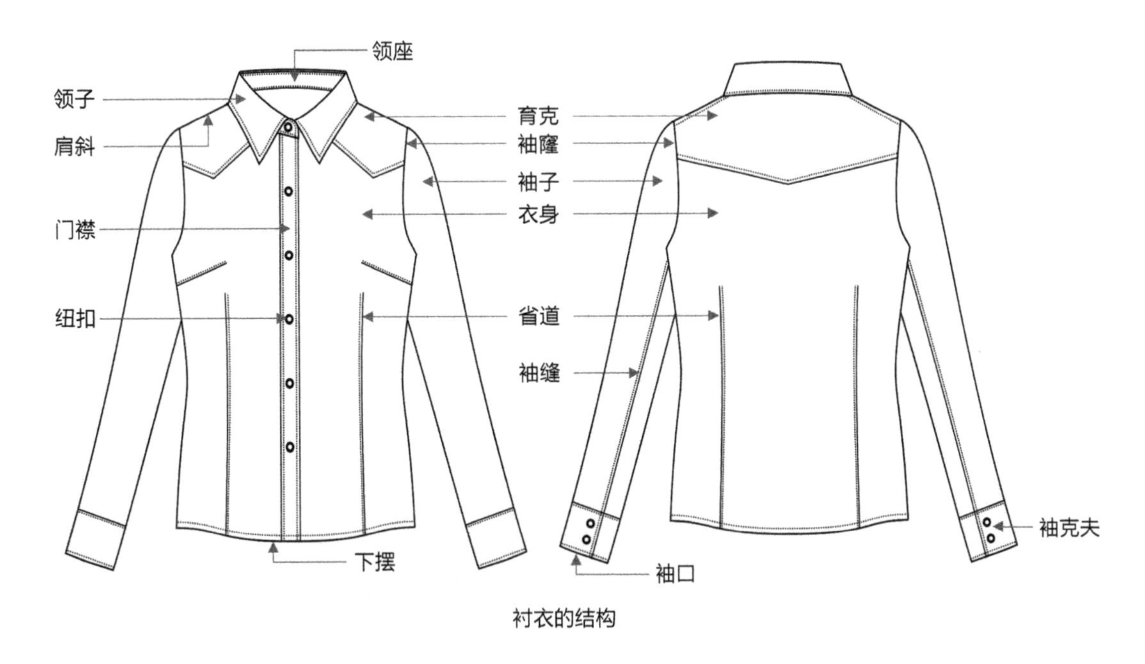

衬衣的结构

4.3.2 衬衣的常见领型分类

标准领衬衣：这种领型虽也因流行趋势而变，但一般变动不大，大体上领尖长（从领口到领尖的长度）为85mm ~ 95mm，左右领尖的夹角为75° ~90° ，领座高为35mm ~ 40mm 。

驳领衬衣：驳领源自于男士西装的设计，应用在女式衬衣上不仅不会显得突兀，反而能够很好地展现职场女性知性大方的气质，越来越多的白领愿意将驳领衬衣作为她们在职场穿着的首选。

立领衬衣：保守且优雅的小立领，能够包裹住女性的部分脖颈肌肤与曲线，有种万般风情尽锁其中的感觉。瓜子脸、脸小的女性基本上能够驾驭各种高度的立领衬衣。

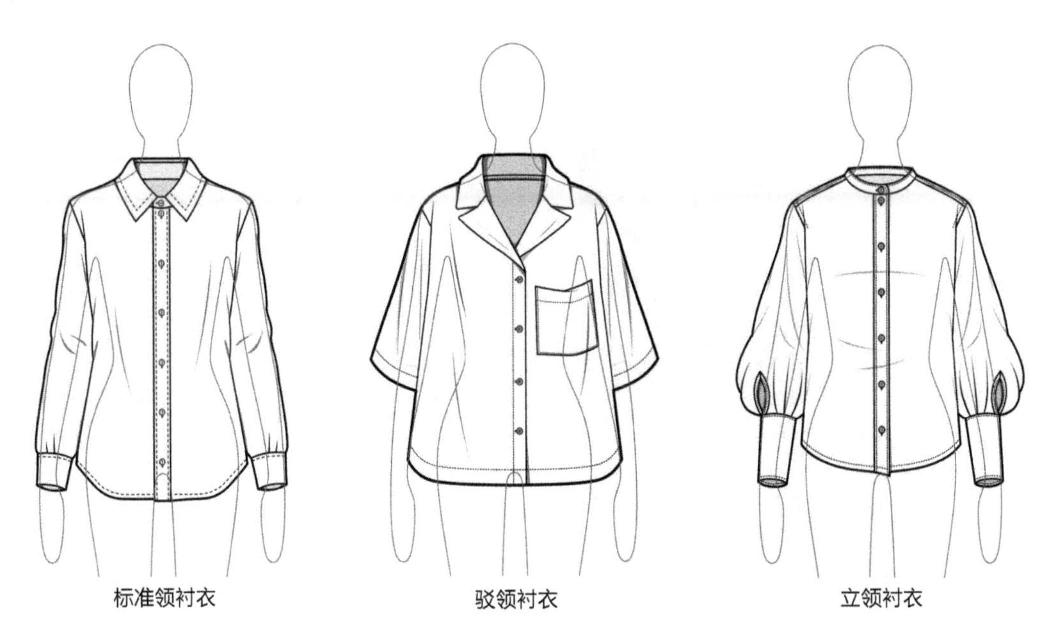

4.3.3 衬衣的宽度分类

紧身型衬衣：胸围放松量只有4cm～6cm，通常采用胸省和腰省的处理方式以达到修身效果。

适身型衬衣：胸围放松量为8cm～12cm，适宜人群较广，青年、中年及老年女性皆适合穿着。

宽松型衬衣：胸围放松量较大，搭配时以外穿为主。

4.3.4 衬衣款式图绘制实例解析

扫码看视频

01 绘制服装人台基本形。用0.5mm的自动铅笔围绕服装设计款式图人台模板的外边沿，描绘出服装人台基本形。再根据模板标记线的位置，画出中心线、胸部线、腰部线和裆底线。

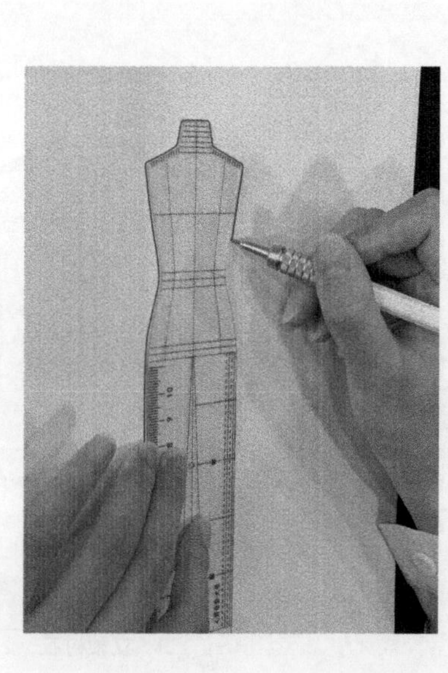

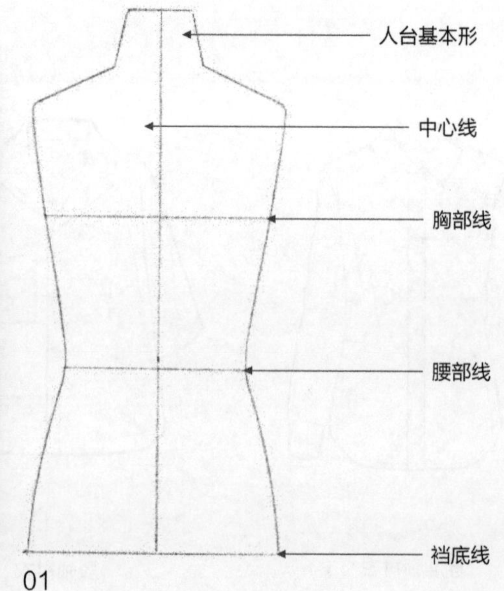

01

02 绘制领子的基本形。根据衬衣领型的外形特征，参考服装人台基本形、胸部线和腰部线，绘制出领子的基本形。

03 绘制衣身的基本形。根据衬衣的身型特征，参考服装人台基本形、腰部线、裆底线，确定肩宽、底摆宽度和衣身长度，绘制出衣身的基本形。

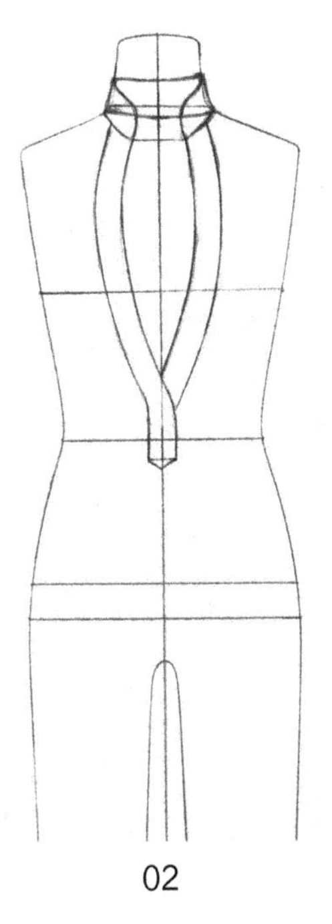

02

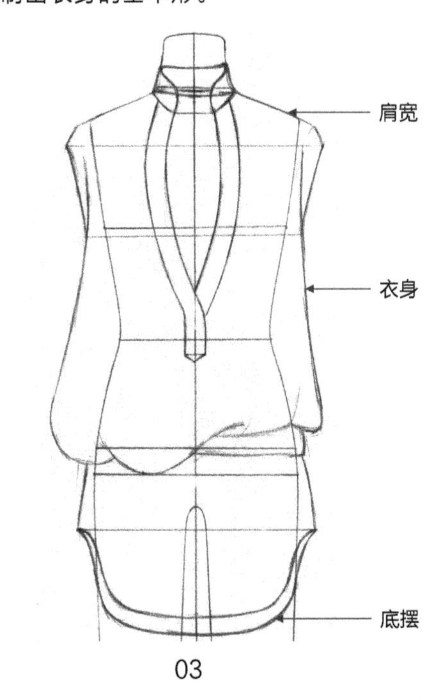

03

04 绘制袖子的基本形。根据衬衣袖子的廓形特征，确定袖子的长度和袖口的宽度，绘制出袖子的基本形。

注：先画袖口线，确定袖子的长度；再画袖子内侧线和外侧线，确定袖子的宽度。

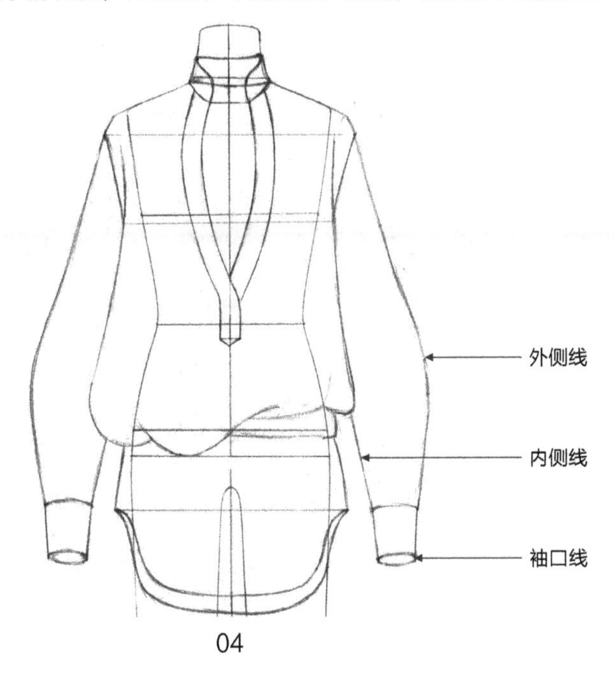

04

05 绘制局部细节和内部结构。根据衬衣的局部细节和内部结构特征，绘制出装饰扣、领口设计细节和腰饰变化等细节。

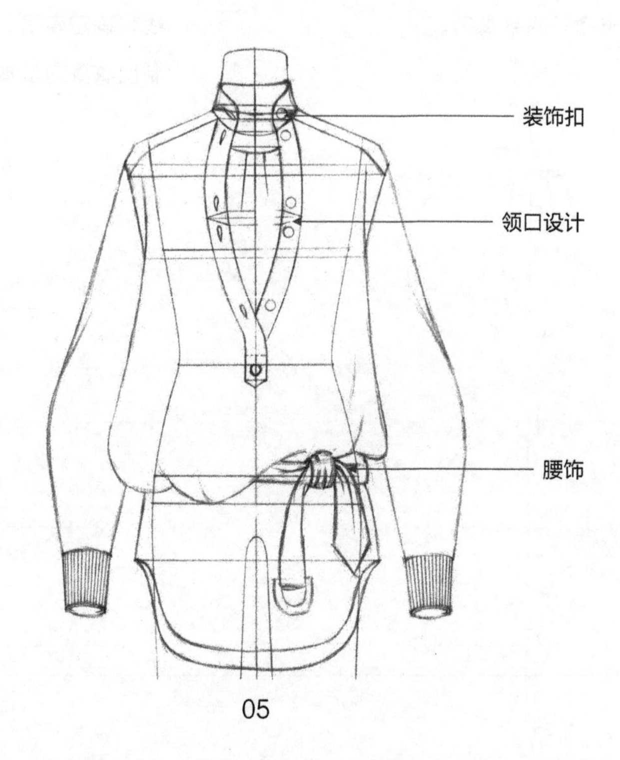

05

06 勾勒线条。用02号勾线笔勾勒衬衣款式图的外轮廓线，用01号勾线笔勾勒局部细节等，用005号勾线笔勾勒缝迹线（虚线）。

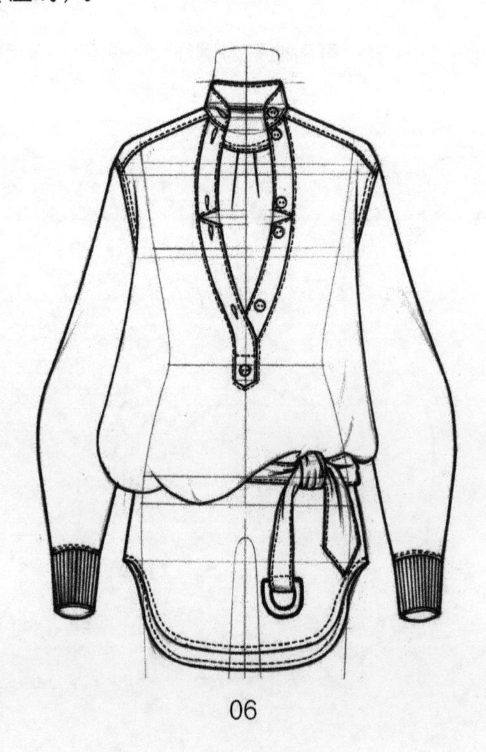

06

07 擦除铅笔稿，完成正面款式图的绘制。用4B橡皮将起稿时画的铅笔线擦除干净，然后用005号勾线笔勾勒衣纹线，完成衬衣正面款式图的绘制。

08 完成背面款式图的绘制。根据衬衣正面款式图的绘制步骤，完成衬衣背面款式图的绘制。

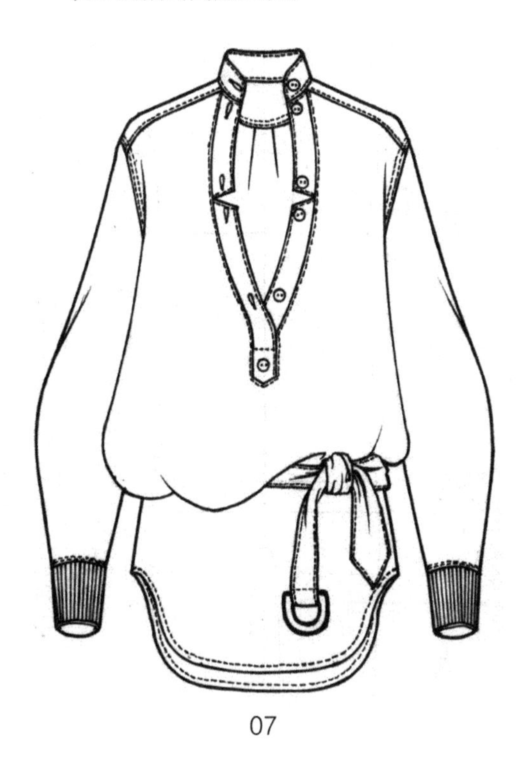

07

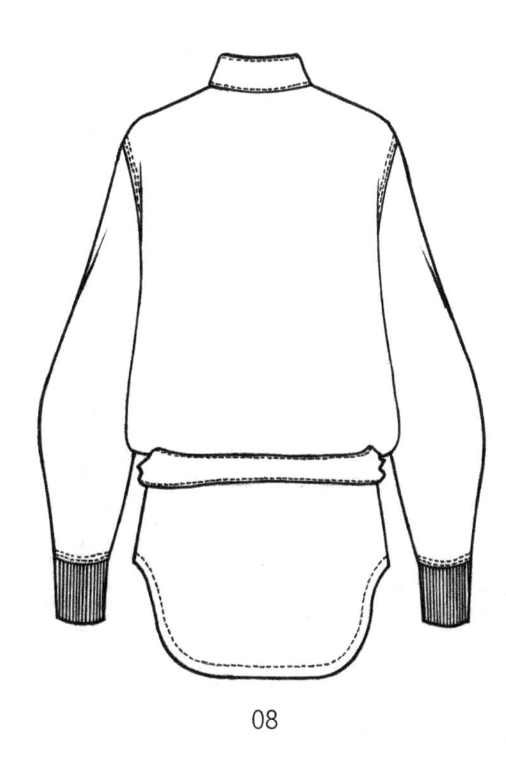

08

4.3.5 衬衣款式图赏析

4.4 夹克衫款式图绘制与赏析

女式夹克衫的设计以轻便、灵活、自然为主，从整体形状上看，大多属于宽松型，上身蓬鼓，下摆紧束，外形轮廓似O形。衣长比一般外套稍短，最短处至腰节位置，下摆采用松紧带适度收紧。夹克衫属于外套的一种，前后身多采用分割设计线，分割线处缉双明线作为装饰。领子有立领、翻领、西装领、罗口领和关门领等。袖子有插肩袖、半插肩袖、连育克袖、衬衣袖、便衣袖和蝙蝠袖等。口袋采用较大的插袋、贴袋及各种装饰袋，口袋的设计变化是夹克衫最大的特点。装饰物主要有各种金属的或塑胶的拉链、金属圆扣（四件扣）、金属卡子和各式的塑料配件。

4.4.1 夹克衫的结构

夹克衫的结构由领子、衣身、门襟、分割线、口袋、下摆、纽扣、拉链、袖子、袖缝、袖克夫和袖口等构成，如下页图所示。

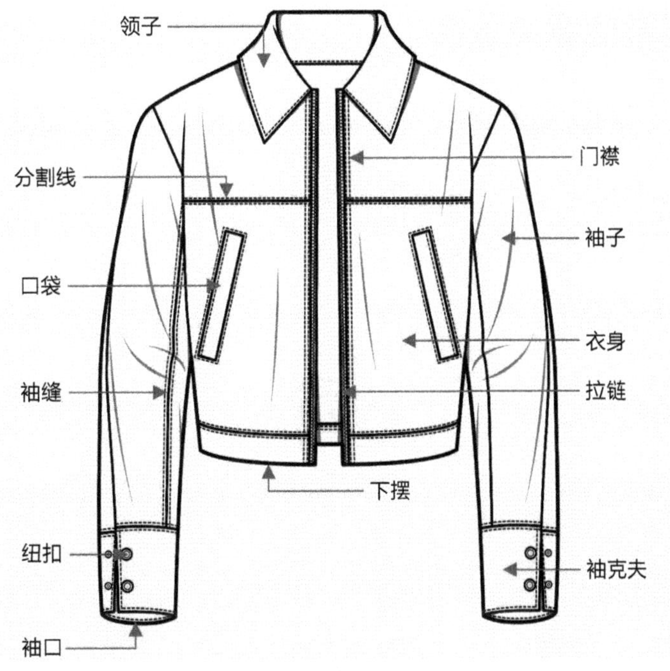

夹克衫的结构

4.4.2 夹克衫的常见领型分类

翻领夹克衫： 配有拉链的夹克衫具有军装风貌，领口是设计的重点，可以在暗扣或拉链装置上加上保暖的毛领，还能根据需求竖起领子，或者配条围巾，防风又保暖。

连帽领夹克衫： 与连帽卫衣相似，是一种可脱卸的双层领结构，偏休闲运动风格。

立领夹克衫： 立领多出现在骑士夹克衫的设计中，是没有年龄感的一款夹克衫，不管是年轻人还是中年人，搭配这样的夹克衫都不会显得突兀，并且搭配方式也比较多样，风格自由多变。

翻领夹克衫　　连帽领夹克衫　　立领夹克衫

4.4.3 夹克衫的宽度分类

紧身型夹克衫：胸围放松量只有4cm～6cm，通常采用胸省和腰省的处理方式以达到修身效果。

适身型夹克衫：胸围放松量为8cm～12cm，穿着人群较广，青年、中年和老年皆适合穿着。

宽松型夹克衫：胸围放松量较大，适合外出旅行或运动时穿着。

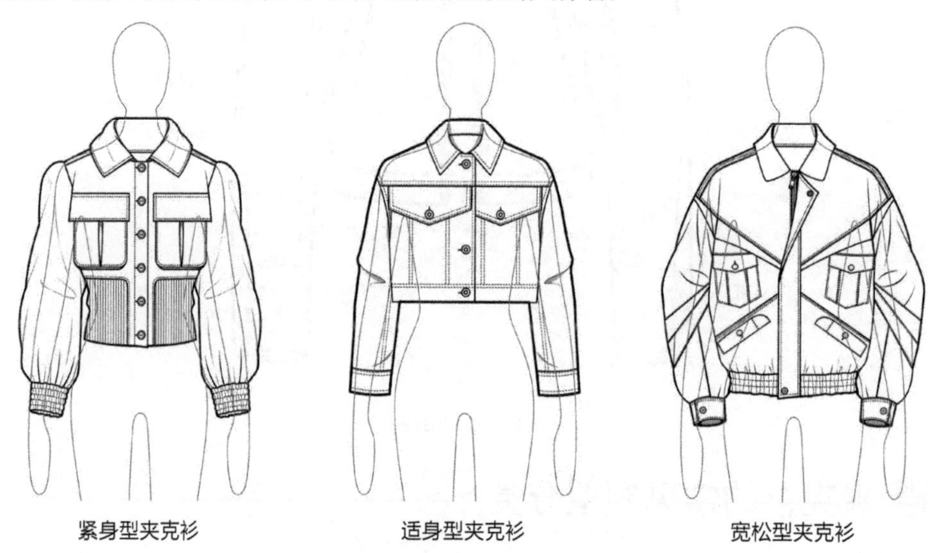

紧身型夹克衫　　适身型夹克衫　　宽松型夹克衫

4.4.4 夹克衫款式图绘制实例解析

扫码看视频

01 绘制服装人台基本形。用0.5mm的自动铅笔围绕服装设计款式图人台模板的外边沿，描绘出服装人台基本形。再根据模板标记线的位置，画出中心线、胸部线、腰部线和裆底线。

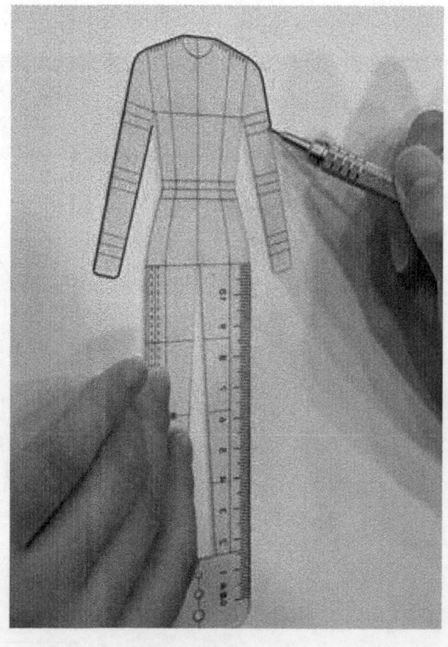

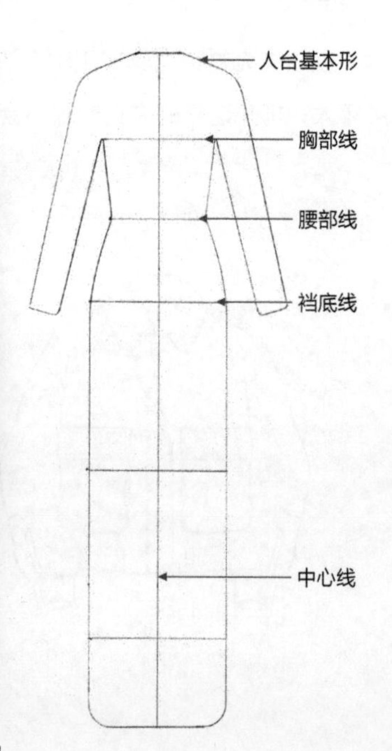

01

02 绘制领子的基本形。根据夹克衫领型的外形特征，参考服装人台基本形和领口线，绘制出立领的基本形。

03 绘制衣身的基本形。根据夹克衫的身型特征，参考服装人台基本形、腰围线和裆底线，确定肩宽、底摆宽度和衣身长度，绘制出衣身的基本形（该款夹克衫属宽松型，上身蓬鼓，下摆紧束，外形轮廓似O形。确定衣身宽度时，要与服装人台基本形的距离远一点）。

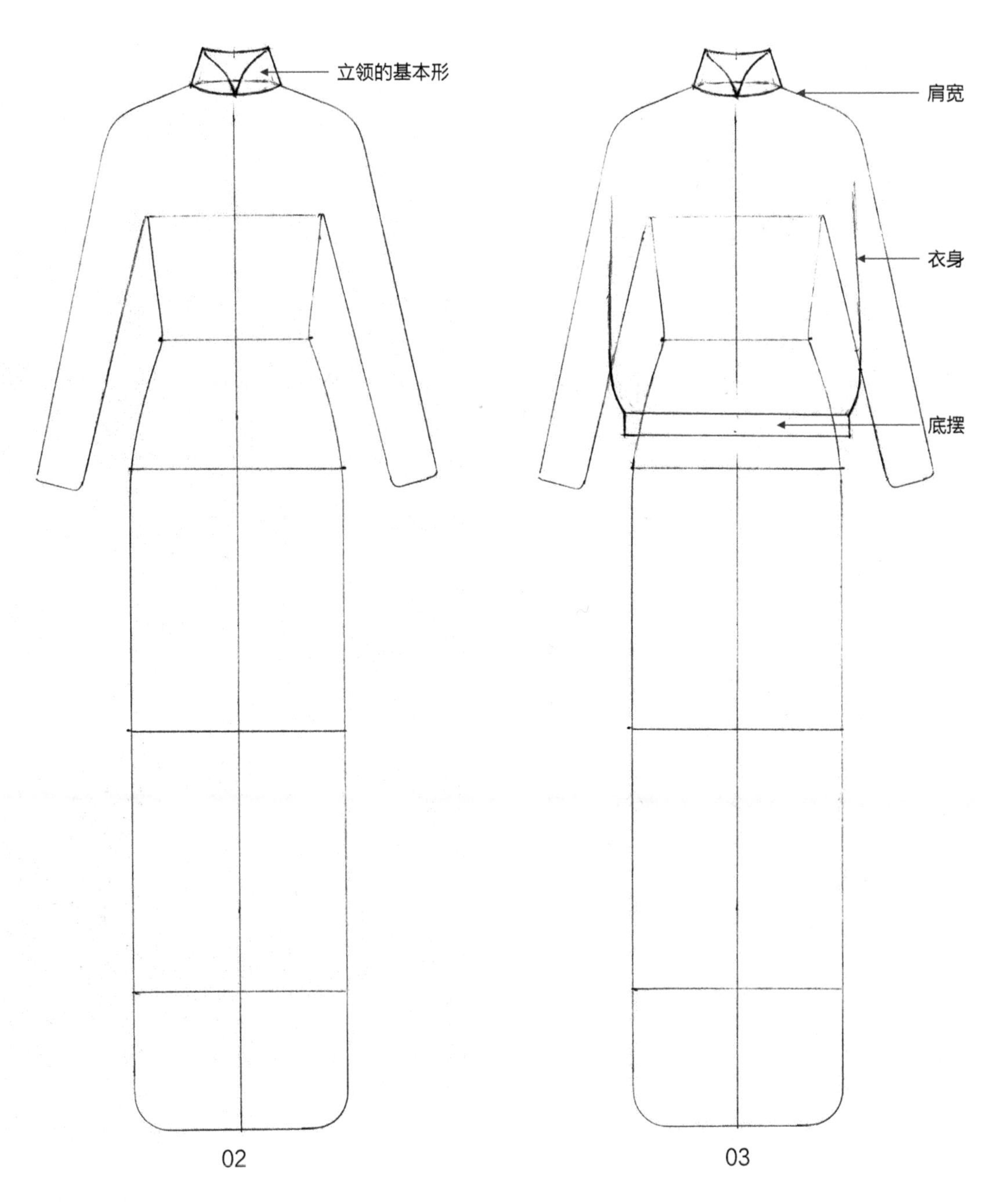

04 绘制袖子的基本形。根据夹克衫的袖子廓形特征，确定肩斜线、袖子长度和袖口宽度，绘制出袖子的基本形。

注：因为夹克衫的肩斜度较衬衣的肩斜度更大，所以在画夹克衫肩斜线时，要比服装人台基本形的肩斜度大一些。先画袖口线，确定袖子的长度；再画袖子的内侧线和外侧线，确定袖子的宽度。

05 绘制局部细节和内部结构。根据夹克衫的局部细节和内部结构特征，绘制出纽扣、口袋和拉链等细节。

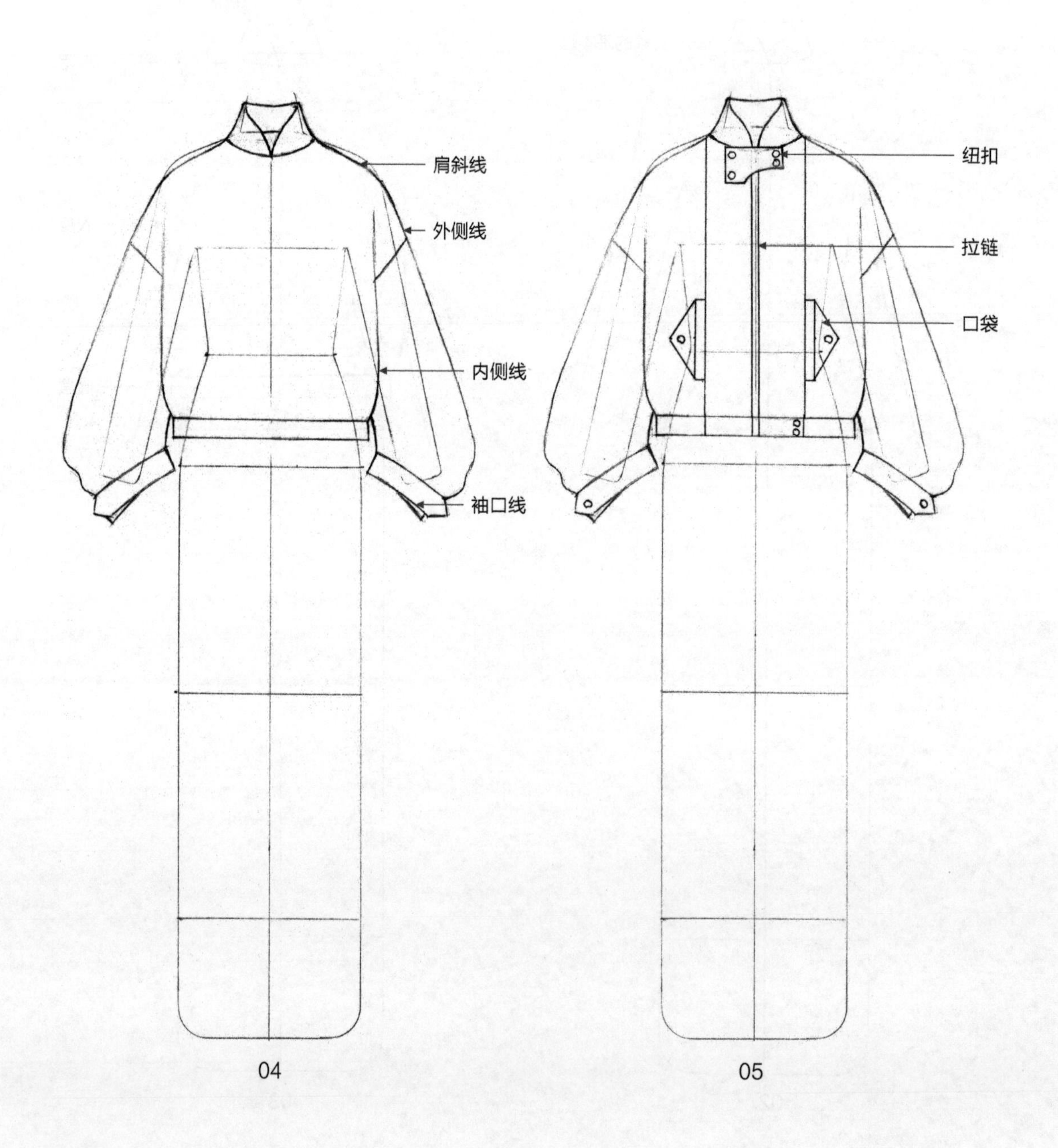

06 勾勒线条。用02号勾线笔勾勒夹克衫款式图的外轮廓线，用01号勾线笔勾勒局部细节等，用005号勾线笔勾勒缝迹线（虚线）。

07 擦除铅笔稿，完成正面款式图的绘制。用4B橡皮将起稿时画的铅笔线擦除干净，然后用005号勾线笔勾勒衣纹线（线条要有轻重变化），完成夹克衫正面款式图的绘制。

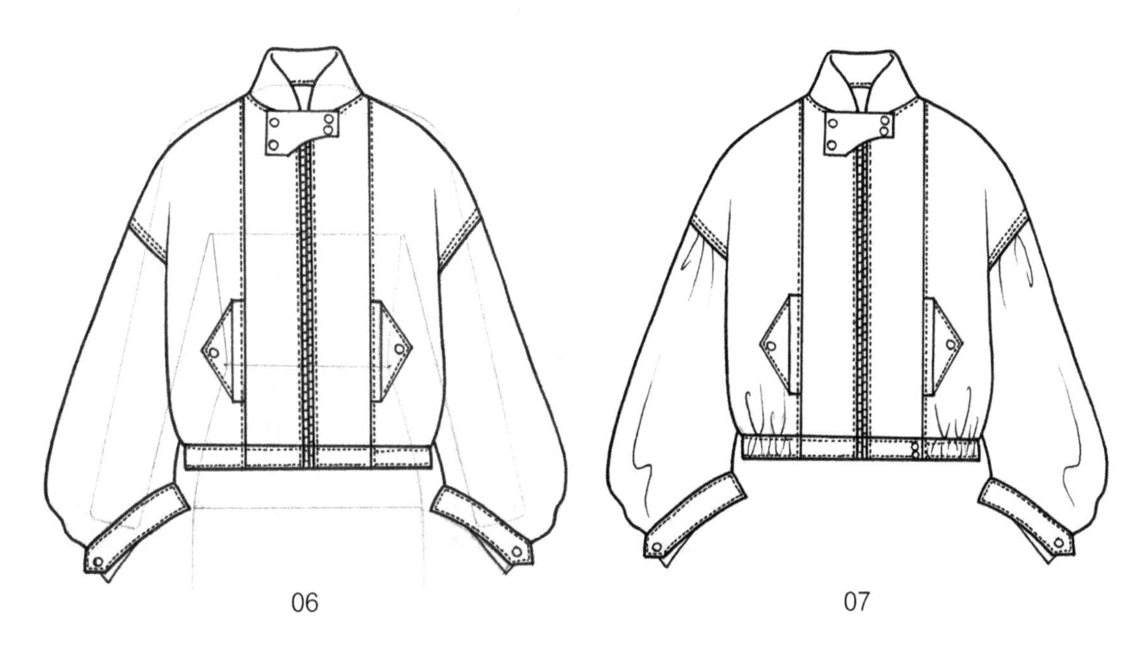

06　　07

08 完成背面款式图的绘制。根据夹克衫正面款式图的绘制步骤，完成夹克衫背面款式图的绘制。

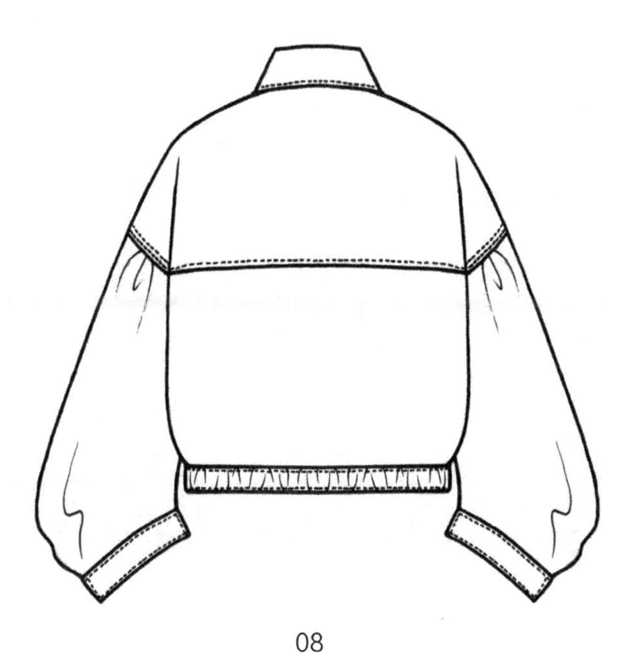

08

4.4.5 夹克衫款式图赏析

4.5 西装款式图绘制与赏析

女式西装的主要特点是外观挺括、线条流畅、穿着舒适。领型有平驳领、戗驳领和青果领（翻驳领）3类；纽扣有单排扣和双排扣；衣长也有变化，或短至齐腰处，或长至大腿处；造型上有宽松的、束腰的，还有各种图案镶拼组合而成的。

4.5.1 西装的结构

西装的结构由领面、领座、驳头、衣身、门襟、口袋、下摆、纽扣、大袖、小袖、袖口、省道线和翻领线等构成。

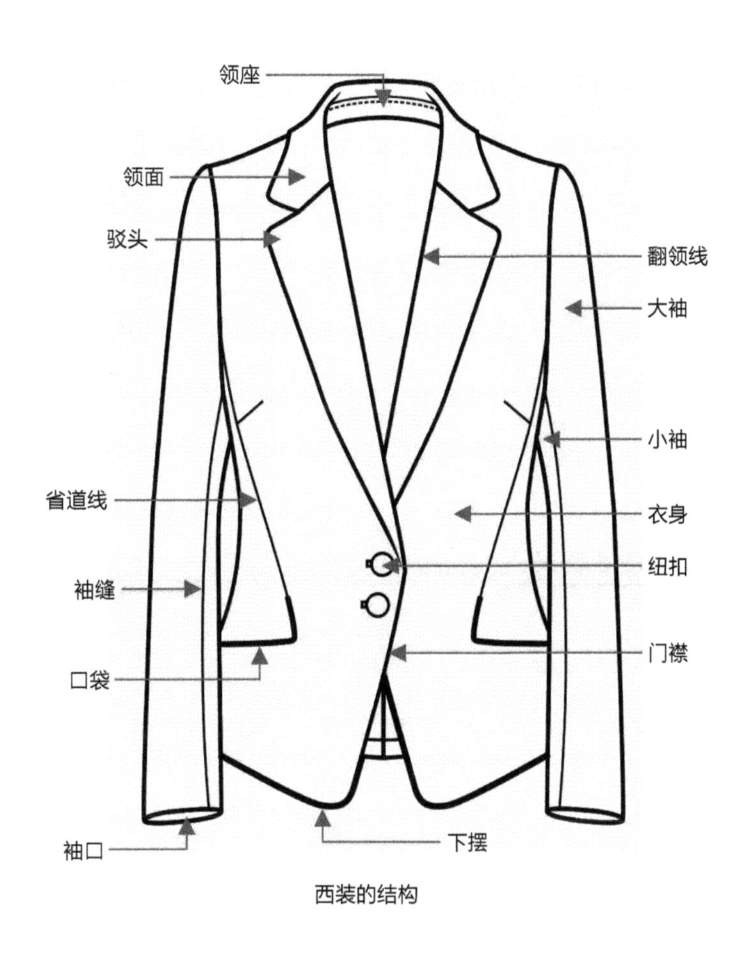

西装的结构

4.5.2 西装的常见领型分类

平驳领：平驳领属于钝领的一种，领子的下半片和上半片通常有一定的夹角。

戗驳领：戗驳领西装比较特别，既有平驳领西装的稳重、经典，又有礼服款西装的精致、儒雅，适合在年会、酒会、婚礼等重要场合穿着。

青果领：青果领的领面形似青果形状，又名大刀领，青果领西装适合在隆重的场合穿着，也可以通过混搭在日常生活及工作中穿着。

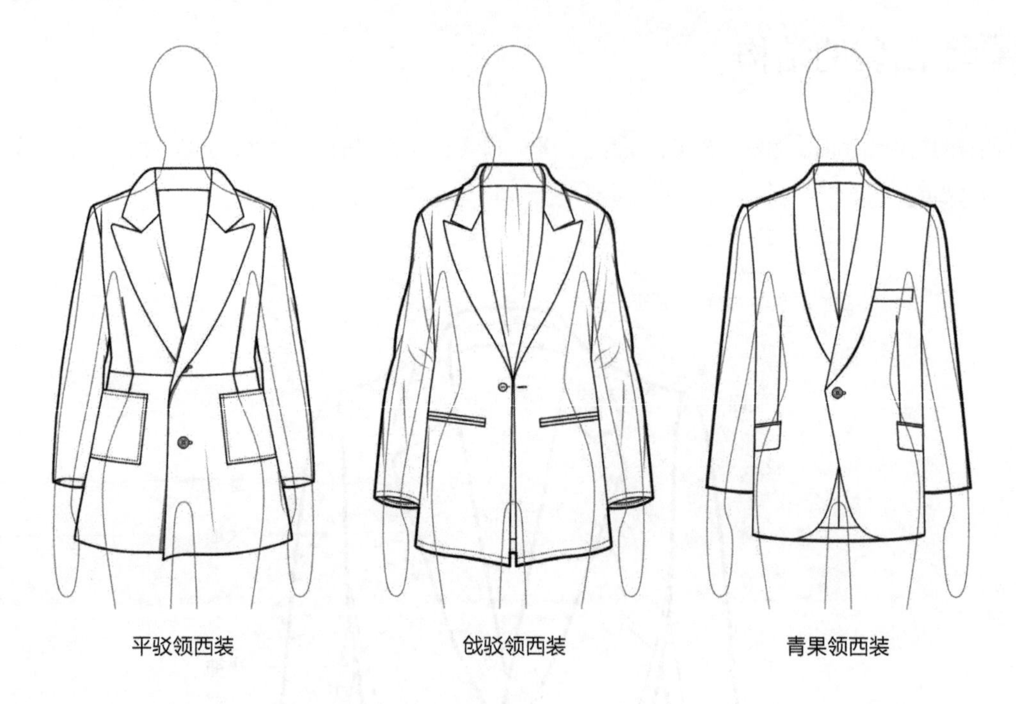

平驳领西装　　戗驳领西装　　青果领西装

4.5.3 西装的宽度分类

紧身型西装：胸围放松量只有4cm～6cm，通常采用胸省和腰省的处理方式以达到修身效果。

适身型西装：胸围放松量为8cm～12cm，穿着人群较广，青年、中年和老年皆适合穿着。

宽松型西装：胸围放松量较大，搭配时不一定要内搭衬衣。

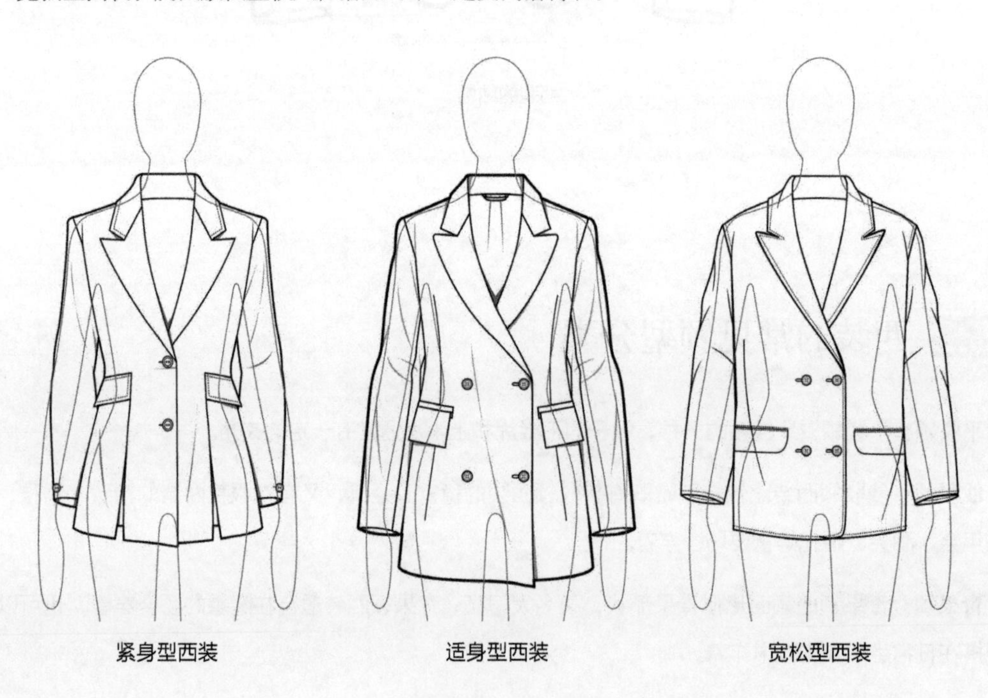

紧身型西装　　适身型西装　　宽松型西装

4.5.4 西装款式图绘制实例解析

扫码看视频

01 绘制服装人台基本形。用0.5mm的自动铅笔围绕服装设计款式图人台模板的外边沿，描绘出服装人台基本形。再根据模板标记线的位置，画出中心线、胸部线、腰部线和裆底线。

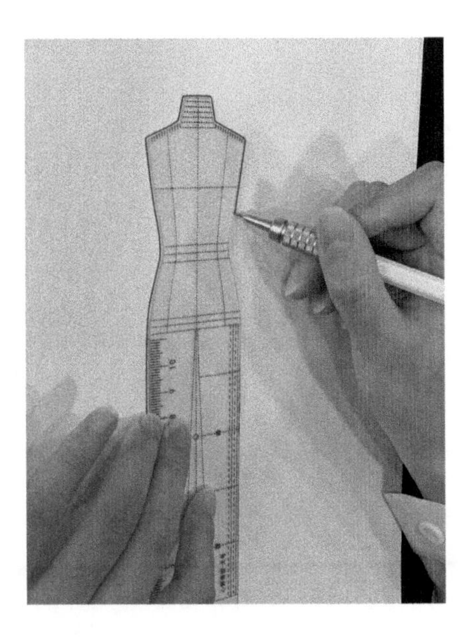
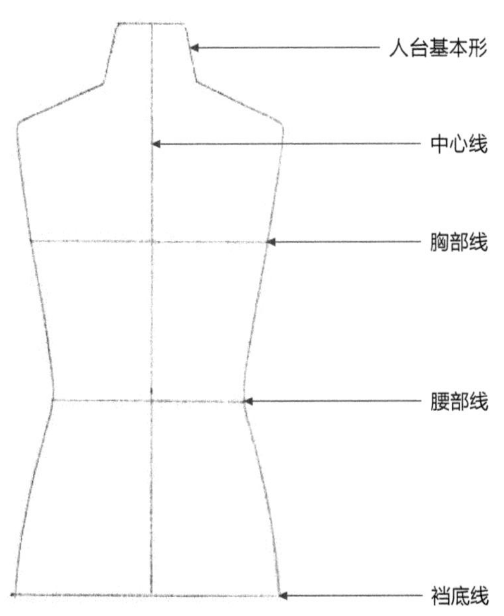

01

02 绘制领子的基本形。根据西装领型的外形特征，参考服装人台基本形和各部位的标记线，绘制出领子的基本形。

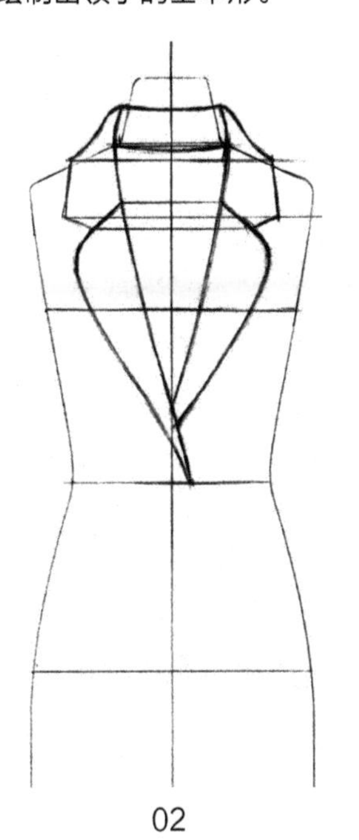

02

03 绘制衣身的基本形。根据西装的身型特征，参考服装人台基本形和标记线，确定肩宽和下摆的位置，绘制出衣身的基本形。

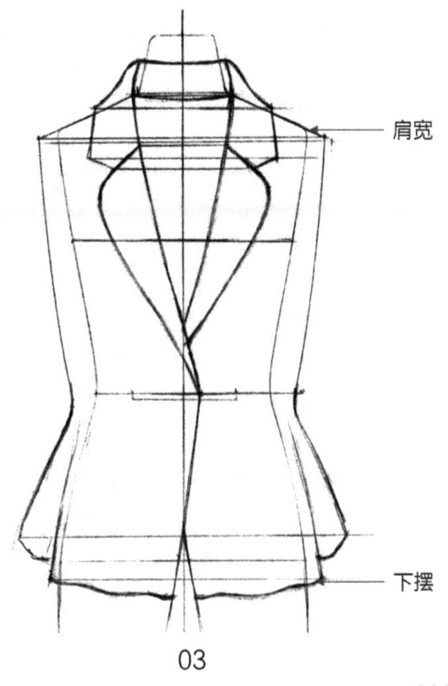

03

04 绘制袖子的基本形。根据西装的袖子廓形特征，确定袖口的位置，绘制出袖子的基本形。

注：先画袖口线，确定袖子的长度；再画袖子内侧线和外侧线，确定袖子的宽度。

04

05 绘制局部细节和内部结构。根据西装的局部细节和内部结构特征，绘制出纽扣、分割线和衣褶等细节。

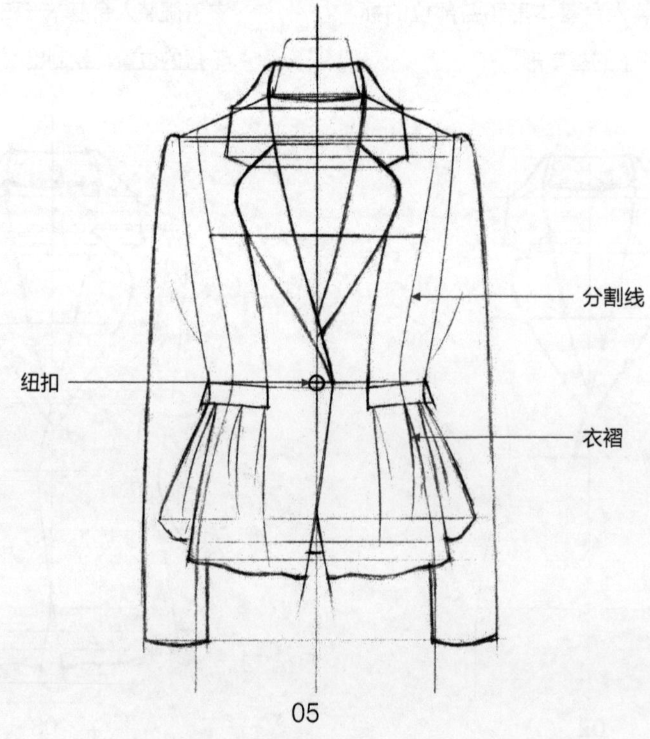

05

06 勾勒线条。用03号勾线笔勾勒西装款式图的外轮廓线，用01号勾线笔勾勒分割线和局部细节等，用005号勾线笔勾勒衣褶和缝迹线（虚线）。

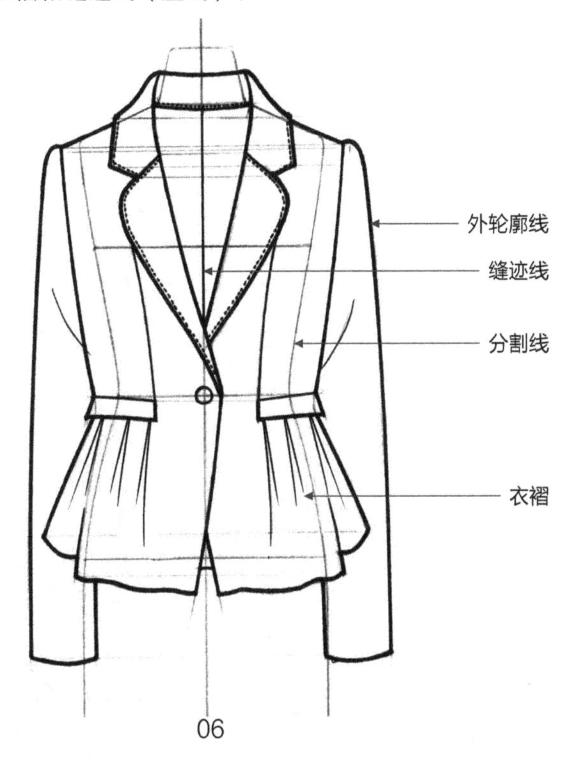

06

07 擦除铅笔稿，完成正面款式图的绘制。用4B橡皮将起稿时画的铅笔线擦除干净，完成西装正面款式图的绘制。

07

08 完成背面款式图的绘制。根据西装正面款式图的绘制步骤，完成西装背面款式图的绘制。

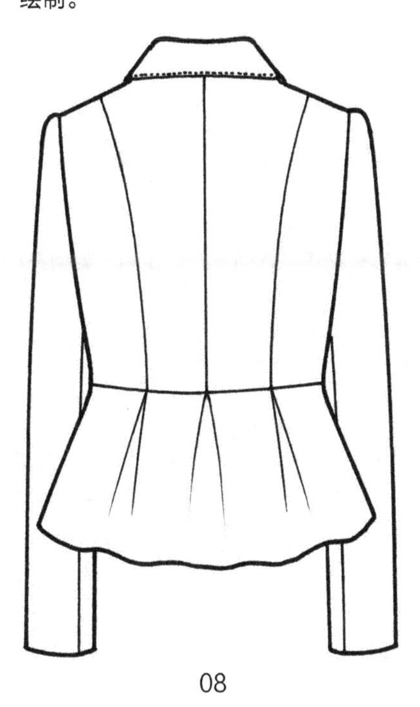

08

4.5.5 西装款式图赏析

4.6 大衣款式图绘制与赏析

女式大衣是秋冬季节女性的常备服装，按衣身长度分为短款、中长款和长款3种。

4.6.1 大衣的结构

大衣的结构由领面、领座、驳头、衣身、门襟、口袋、下摆、纽扣、袖子、袖口、省道线和翻领线等构成。

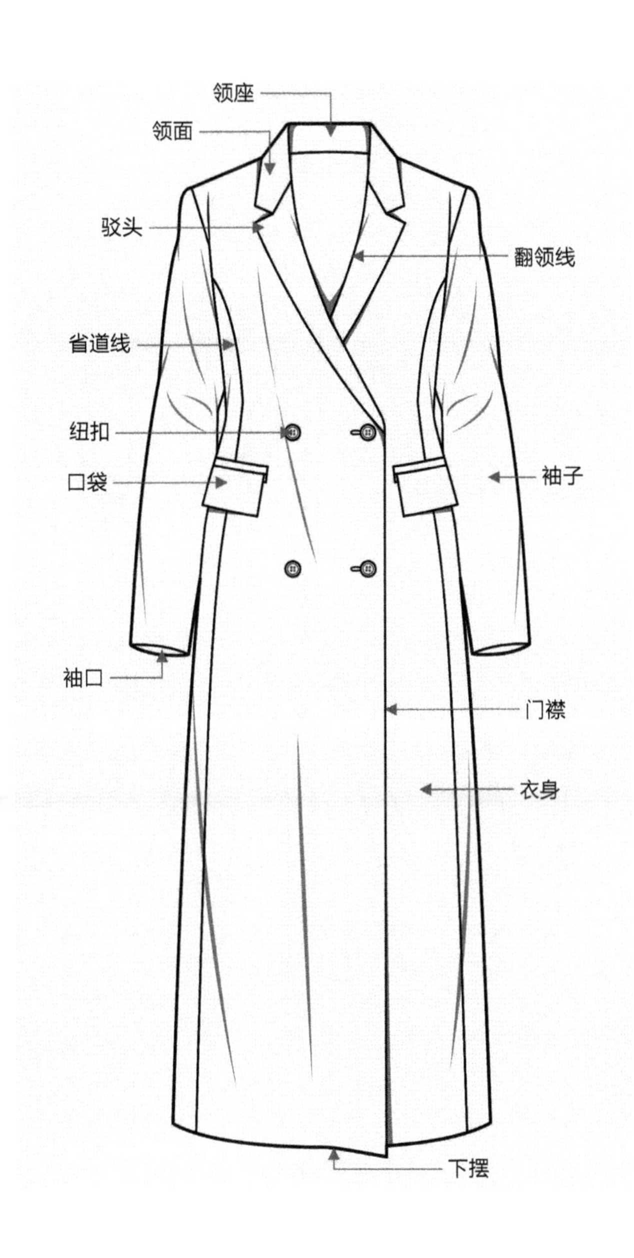

4.6.2 大衣的常见领型分类

翻领大衣：翻领大衣的领型宜大不宜小，大领型的看上去会比较大气一些，但这种领型的大衣比较挑身高，如果个子比较矮，尽量不要选择这样的翻领大衣。

驳领大衣：驳领大衣比翻领大衣的上领面要小，对于一些上半身偏胖的女性来说，穿驳领大衣更显瘦。

连帽领大衣：连帽领的大衣比起以上两种大衣，会更加活泼一些，没有普通大衣的严肃感，会更显年轻，连帽领属于比较宽大的领子，适合身材偏高瘦、脖子比较纤细的女性穿着。

翻领大衣　　驳领大衣　　连帽领大衣

4.6.3 大衣的长度分类

短款大衣：长度至臀围略下，约占人体总高度的1/2。

中长款大衣：长度至膝关节上下，约占人体总高度的3/4。

长款大衣：长度至小腿中部以下，约占人体总高度的4/5。

4.6.4 大衣款式图绘制实例解析

扫码看视频

01 绘制服装人台基本形。用0.5mm的自动铅笔围绕服装设计款式图人台模板的外边沿，描绘出服装人台基本形。再根据模板标记线的位置，画出中心线、胸部线、腰部线和膝关节线。

02 绘制领子的基本形。根据大衣领型的外形特征，参考服装人台基本形和各部位的标记线，绘制出领子的基本形。

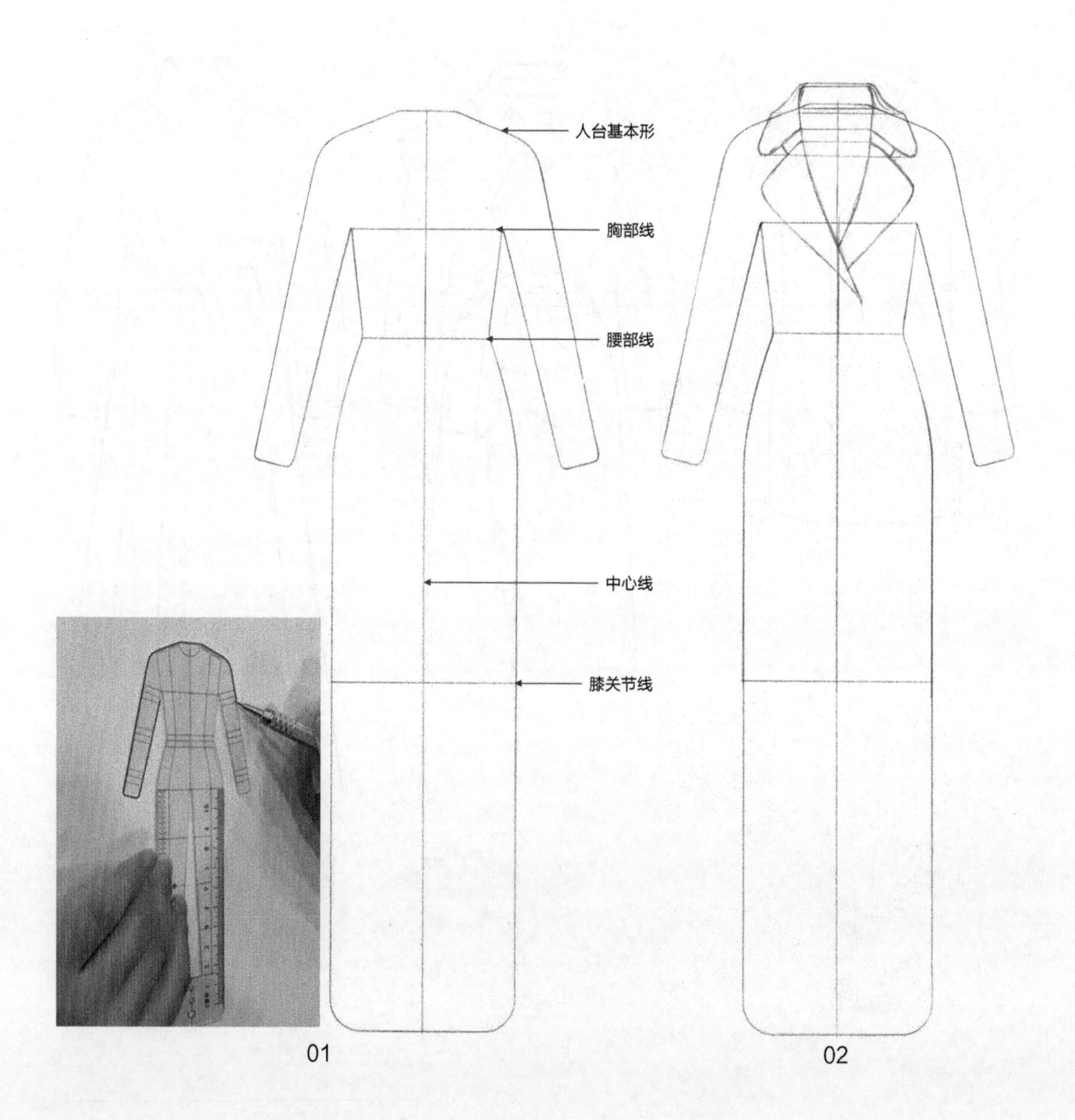

03 绘制衣身的基本形。根据大衣的身型特征，参考服装人台基本形和标记线，确定腰宽、下摆的位置和大小，绘制出衣身的基本形。

04 绘制袖子的基本形。根据大衣的袖子廓形特征确定袖口的位置，绘制出袖子的基本形。

注：先画袖口线，确定袖子的长度；再画袖子内侧线和外侧线，确定袖子的宽度。

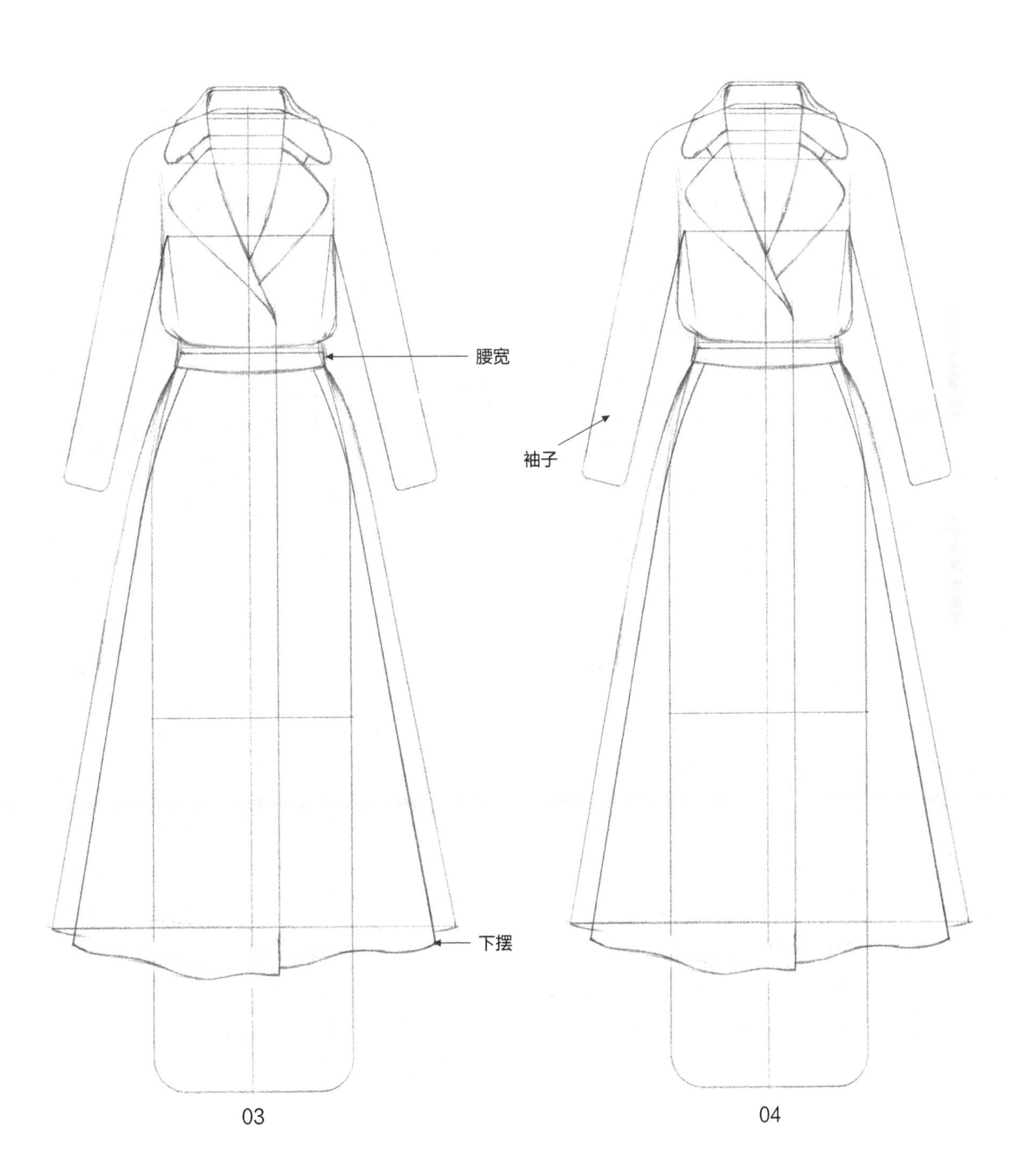

05 绘制局部细节和内部结构。根据大衣的局部细节和内部结构特征，绘制出纽扣、分割线和衣褶等细节。

06 勾勒线条。用03号勾线笔勾勒大衣款式图的外轮廓线，用01号勾线笔勾勒分割线和局部细节等，用005号勾线笔勾勒衣褶和缝迹线（虚线）。

05　　06

07 擦除铅笔稿，完成正面款式图的绘制。用4B橡皮将起稿时画的铅笔线擦除干净，完成大衣正面款式图的绘制。

08 完成背面款式图的绘制。根据大衣正面款式图的绘制步骤，完成大衣背面款式图的绘制。

07　　08

4.6.5 大衣款式图赏析

4.7 半身裙款式图绘制与赏析

半身裙是指穿着在下身的单独裙装样式，根据长短分为迷你裙、短裙、中长裙、长裙等，按照廓形又可以分为直筒裙、包臀裙、铅笔裙、A字裙、鱼尾裙和泡泡裙等。半身裙不仅能满足职场女性的知性优雅装扮，还适合甜美可爱的女性穿着，是能充分展现女性美的基础款式服装。

4.7.1 半身裙的结构

半身裙的结构由裙头（腰头）、拉链开口、破缝（分割线）、侧边缝、褶和下摆（裙脚）等构成。

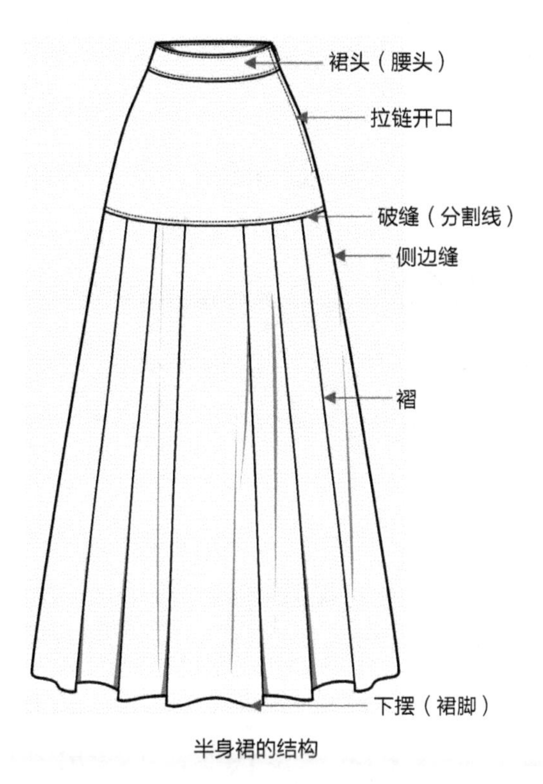

半身裙的结构

4.7.2 半身裙的常见廓形分类

直筒形半身裙：是所有半身裙的原型，其他款式的半身裙都是在它的基础上进行变化而产生的（如包臀裙就是将直筒裙的下摆收紧，而波浪裙就是将直筒裙的下摆展开），这类半身裙不挑身材不挑人。

包臀型半身裙：顾名思义，就是将腰身臀部包裹得很贴合的裙子，一般会采用弹性较好的面料，多为迷你裙或者短裙的长度，包臀裙适合腰身臀部线条比较好的性感女性穿着。

A字形半身裙：是将直筒形半身裙的下摆按一定比例展开，形成一个梯形的廓形，显得更为年轻俏皮，胯宽的女性可以选择A字形的半身裙。

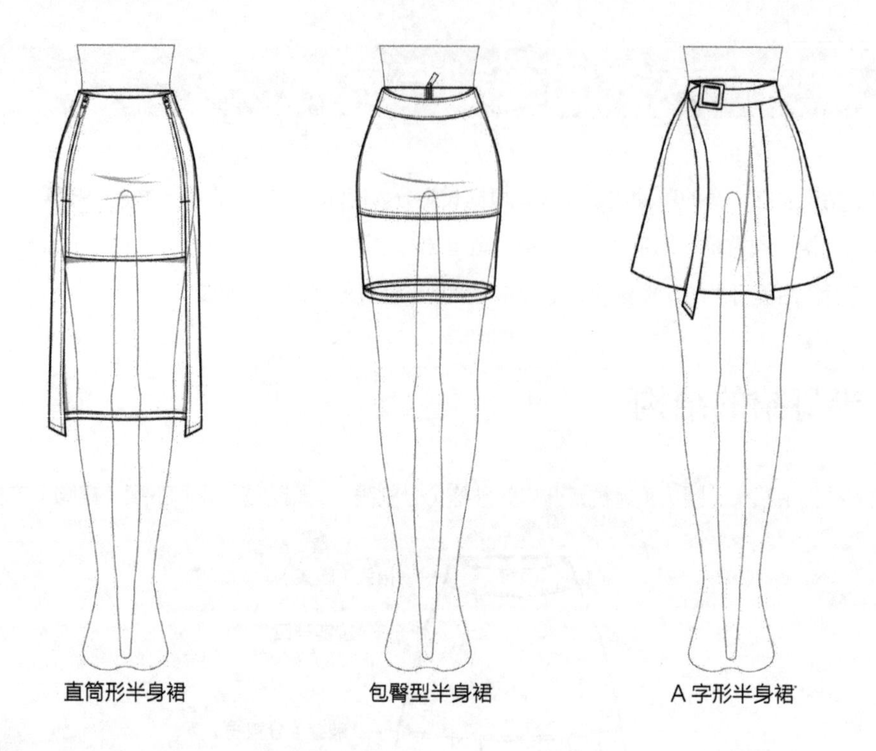

直筒形半身裙　　包臀型半身裙　　A 字形半身裙

4.7.3 半身裙的长度分类

短款半身裙：超短裙的长度在大腿中部以上，一般的短款半身裙的长度都在膝关节以上。

中长款半身裙：裙子长度在膝关节以下或小腿中部。

长款半身裙：裙子长度至脚踝骨上下。

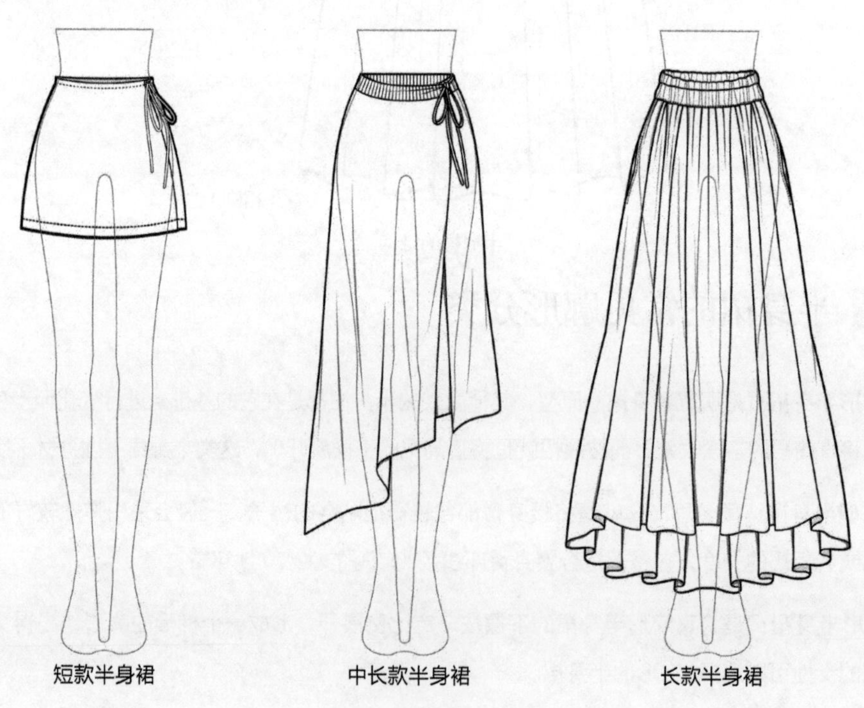

短款半身裙　　中长款半身裙　　长款半身裙

4.7.4 半身裙款式图绘制实例解析

01 绘制服装人台基本形。用0.5mm的自动铅笔围绕服装设计款式图人台模板的外边沿，描绘出服装人台基本形。再根据模板标记线的位置，画出中心线、腰部线、膝关节线和裸关节线。

02 绘制裙头的基本形。根据半身裙的腰头外形特征，参考服装人台基本形和腰部标记线，绘制出裙头的基本形。

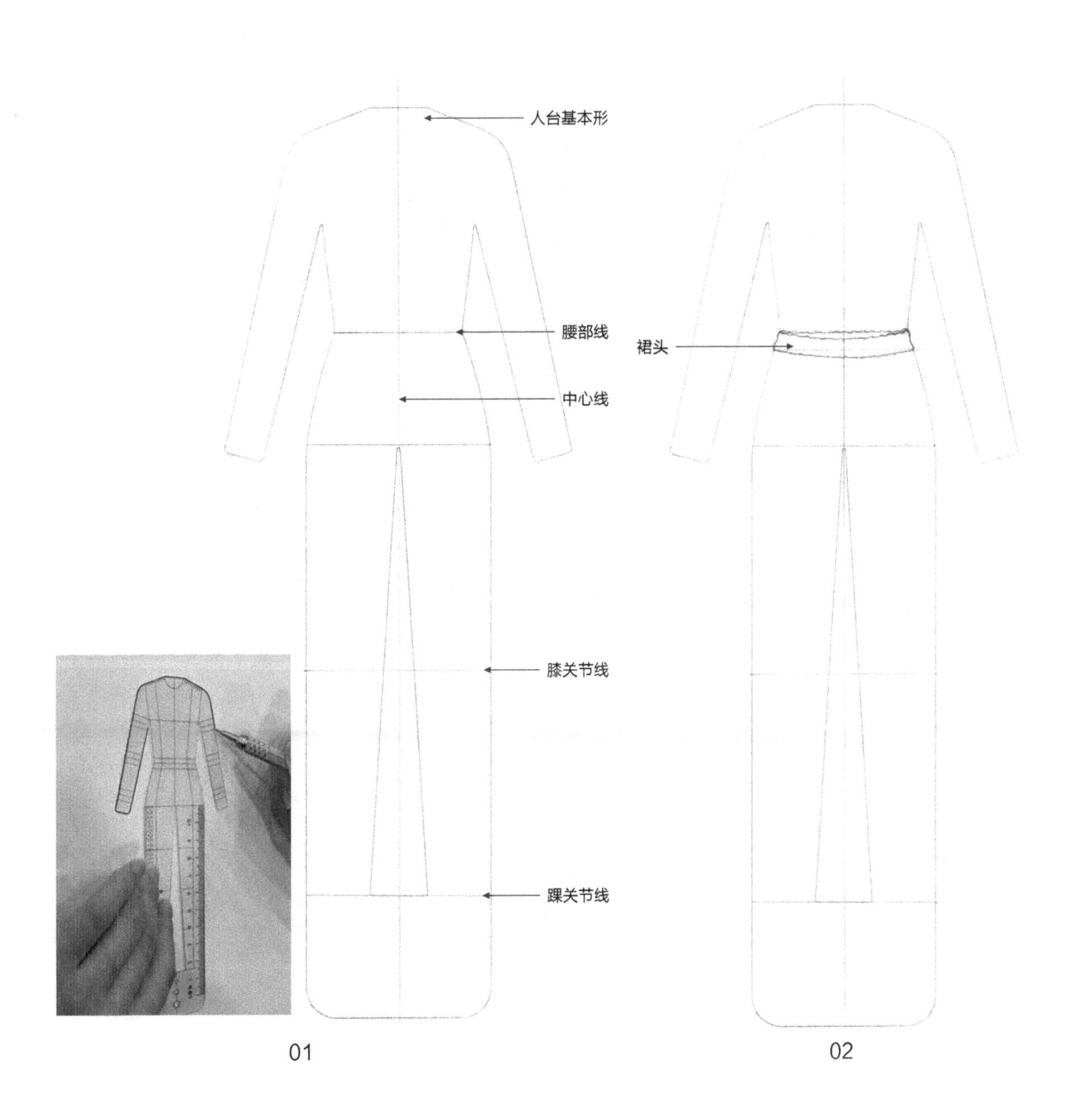

03 绘制裙身的基本形。根据裙身的廓形特征，确定其宽度和长度，绘制出裙身的基本外轮廓。

注：通常先画下摆确定裙子的长度，再画裙身左右的侧边线。

04 绘制局部细节和内部结构。根据半身裙的内部结构特征，完成内部细节（如分割线、褶裥和工艺线等）的绘制。

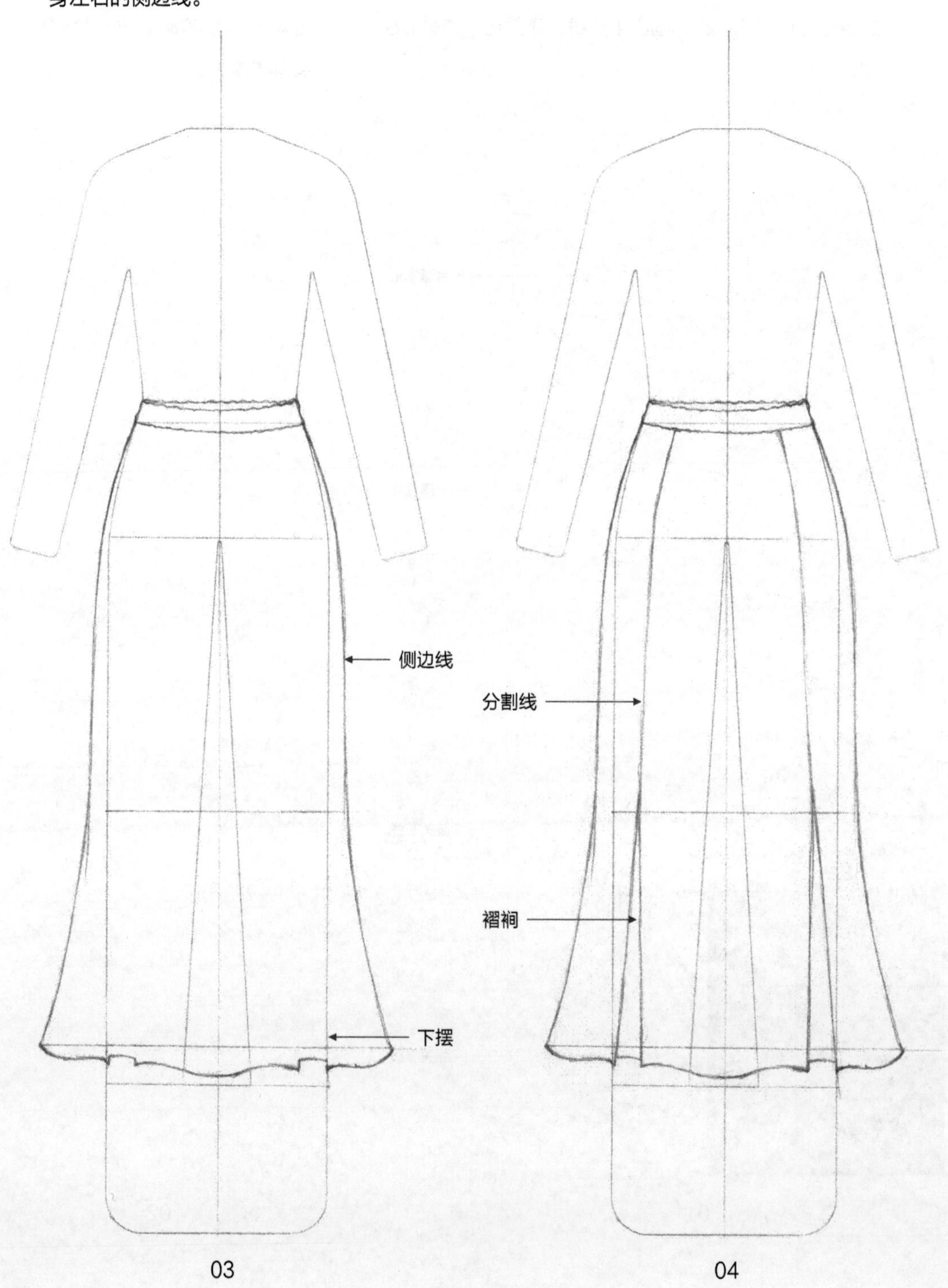

05 勾勒线条。用02号勾线笔勾勒半身裙的外轮廓线，用01号勾线笔勾勒分割线和局部细节等，用005号勾线笔勾勒缝迹线（虚线）。

05

06 擦除铅笔稿，完成正面款式图的绘制。用4B橡皮将起稿时画的铅笔线擦除干净，完成半身裙正面款式图的绘制。

06

07 完成背面款式图的绘制。根据半身裙正面款式图的绘制方法，完成半身裙背面款式图的绘制。

07

4.7.5 半身裙款式图赏析

4.8 连衣裙款式图绘制与赏析

连衣裙是指上衣和裙子连成一体的连裙装，在各种款式造型中被誉为“时尚皇后”。常见的有直身裙、A字裙、露背裙、礼服裙、公主裙、迷你裙、雪纺连衣裙、吊带连衣裙、牛仔连衣裙和蕾丝连衣裙等。

4.8.1 连衣裙的结构

连衣裙的结构由后领圈、前领圈、门襟、衣身、裙身、袖子、袖口、省道线、侧边缝、破缝（分割线）和下摆（裙脚）等构成。

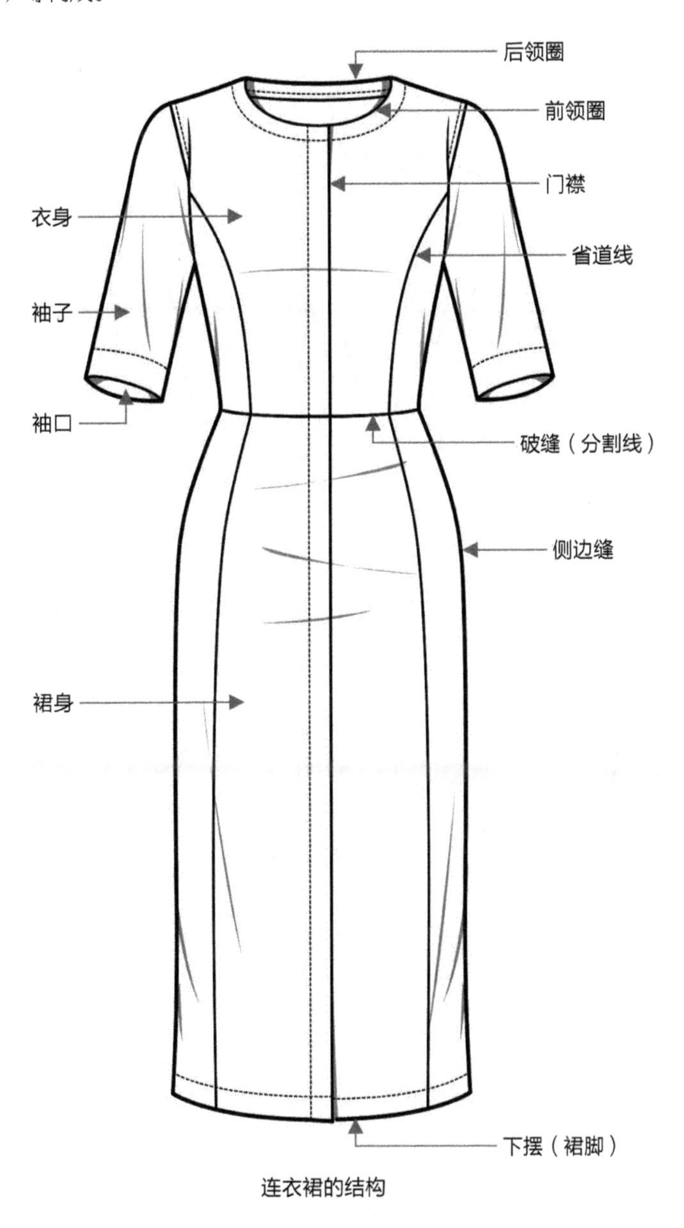

连衣裙的结构

4.8.2 连衣裙的常见廓形分类

直筒形连衣裙： 特点是胸围、腰围和臀围基本都是一样宽，衣片结构是上下相连，腰间不作剪断，有时为了跨步方便，在近裙摆处接上一段收有折裥的接边。

贴身型连衣裙： 比起直筒裙更紧身、合体，有公主线、省道和分割线等设计，强调收腰和人体曲线美。

A字形连衣裙： 侧缝由胸围处向下展开至裙底摆，外形似A字，由于A字形连衣裙的外轮廓从直线变成斜线，从而增加了长度，进而达到了高度上的夸张，是常见的女装款式，具有活泼、潇洒、青春活力等特点。

直筒形连衣裙　　　　贴身型连衣裙　　　　A 字形连衣裙

4.8.3 连衣裙的长度分类

短款连衣裙：超短裙的长度在大腿中部以上，一般的短款连衣裙的长度都在膝关节以上。

中长款连衣裙：裙子长度在膝关节以下或小腿中部。

长款连衣裙：裙子长度至脚踝骨上下。

短款连衣裙　　中长款连衣裙　　长款连衣裙

4.8.4 连衣裙款式图绘制实例解析

扫码看视频

01 绘制服装人体基本形。用0.5mm的自动铅笔围绕服装设计款式图人体模板的外边沿，描绘出服装人体基本形。再根据模板标记线的位置，画出中心线、乳凸点线和腰部线。

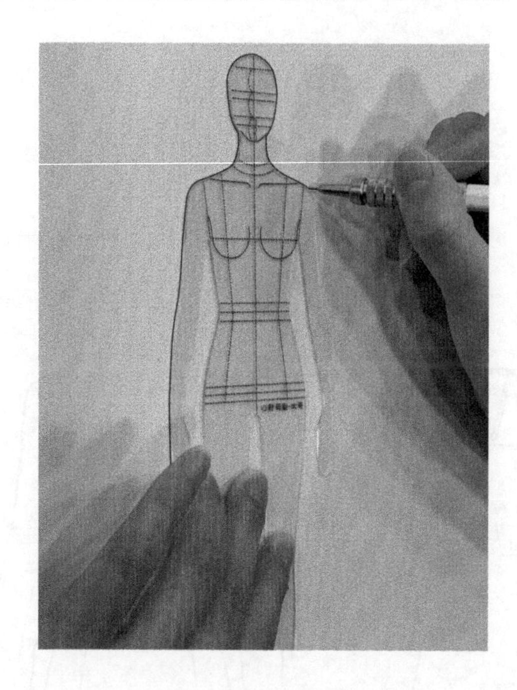

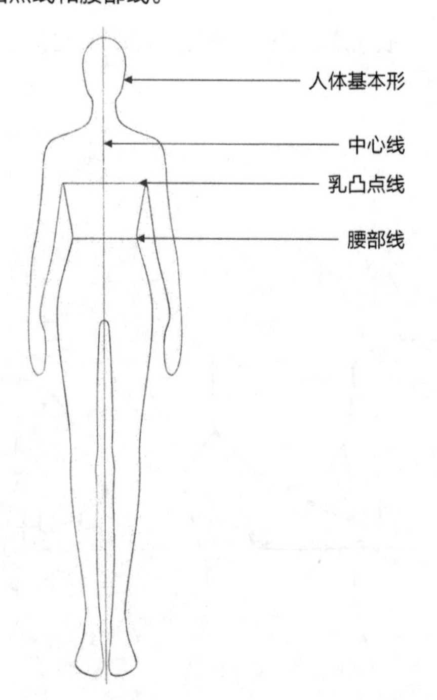

01

02 绘制领子的基本形。根据连衣裙领型的外形特征，参考服装人体基本形和各部位标记线，绘制出领子的基本形。

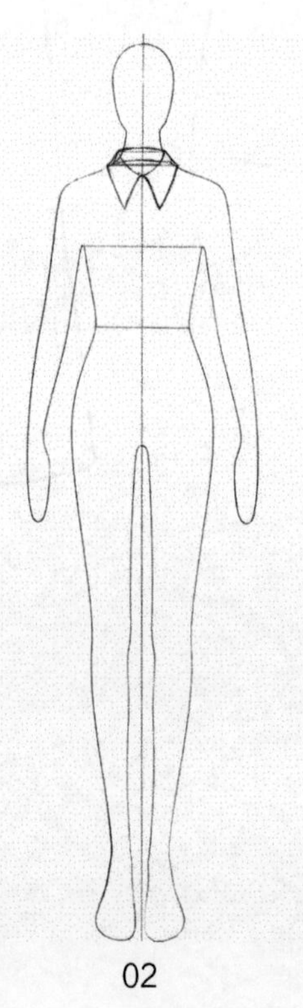

02

03 绘制衣身的基本形。根据连衣裙的身型特征，参考服装人体基本形和标记线，确定腰宽、下摆位置和大小，绘制出裙身的基本形。

04 绘制袖子的基本形。根据连衣裙的袖子廓形特征，确定袖口的位置，绘制出袖子的基本形。

注：先画袖口线，确定袖子的长度；再画袖子的内侧线和外侧线，确定袖子的宽度。

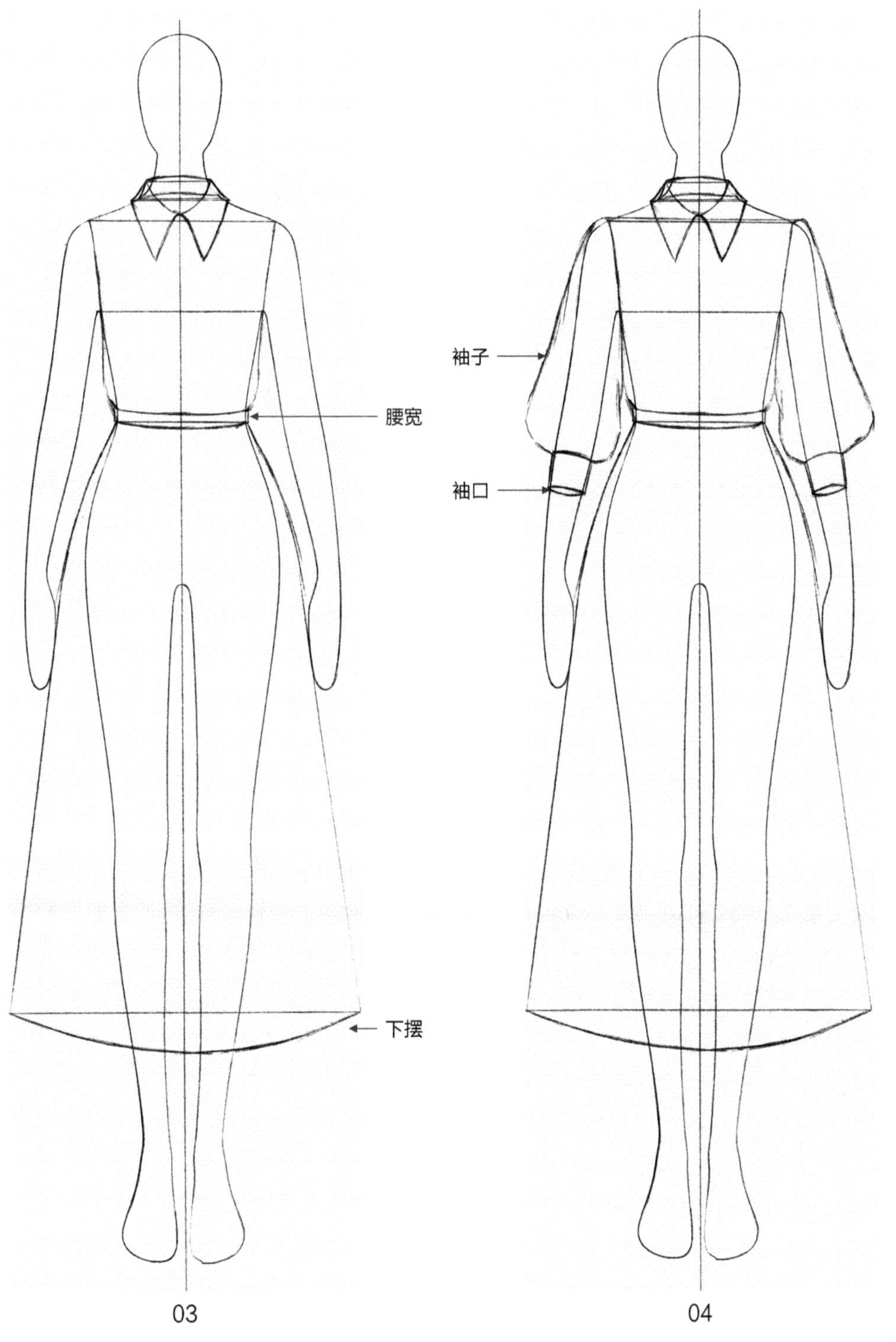

05 绘制局部细节和内部结构。根据连衣裙的局部细节和内部结构特征，绘制出扣袢、分割线和衣褶等细节。

06 勾勒线条。用03号勾线笔勾勒连衣裙的外轮廓线，用01号勾线笔勾勒分割线和局部细节等，用005号勾线笔勾勒衣褶和缝迹线（虚线）。

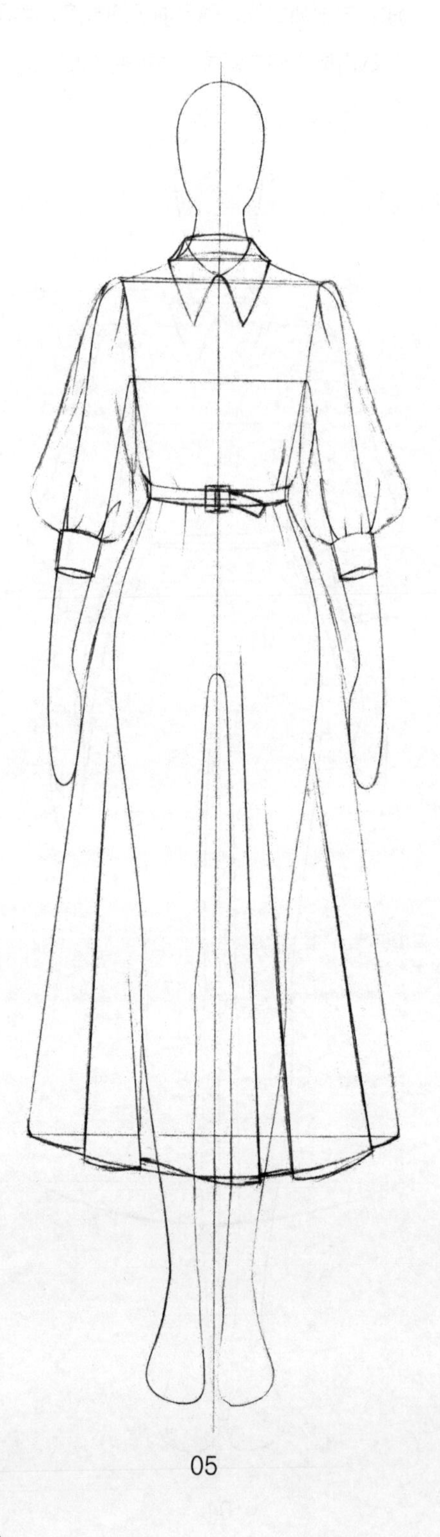

05

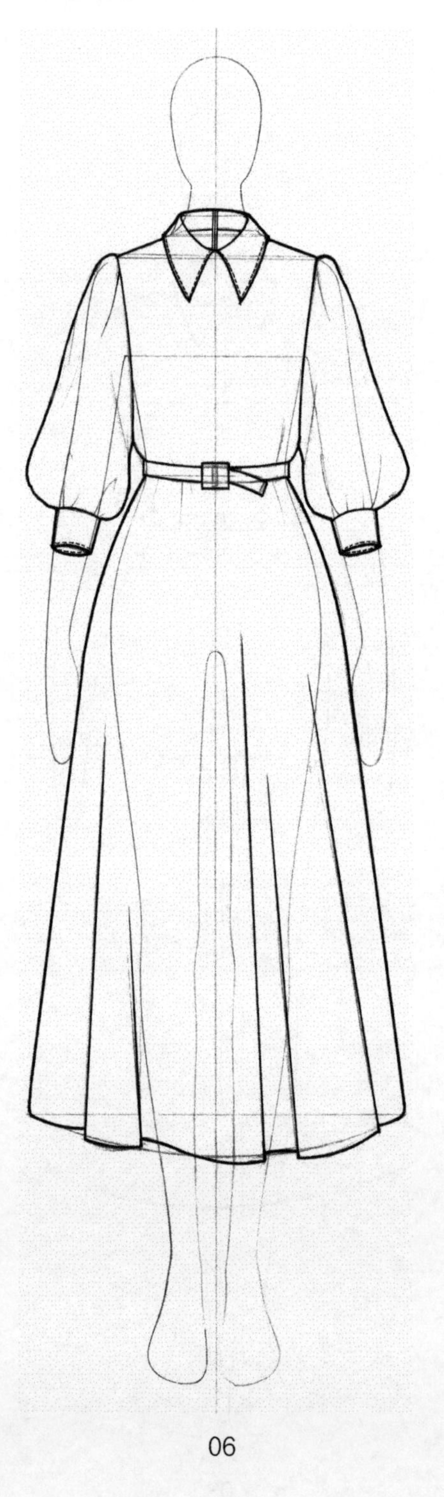

06

07 擦除铅笔稿，完成正面款式图的绘制。用4B橡皮将起稿时画的铅笔线擦除干净，完成连衣裙正面款式图的绘制。

08 完成背面款式图的绘制。根据连衣裙正面款式图的绘制步骤，完成连衣裙背面款式图的绘制。

4.8.5 连衣裙款式图赏析

4.9 裤子款式图绘制与赏析

裤子一般由一个裤腰、一个裤裆、两条裤腿缝纫而成。根据材质、造型和受众的不同，主要分为直筒裤、小脚裤、阔腿裤、喇叭裤、灯笼裤、锥形裤、铅笔裤、哈伦裤和裙裤等。

4.9.1 裤子的结构

裤子的结构由裤腰头、裤耳、门襟、纽扣、腰褶、口袋、侧边、裤身、脚口和烫迹线等构成。

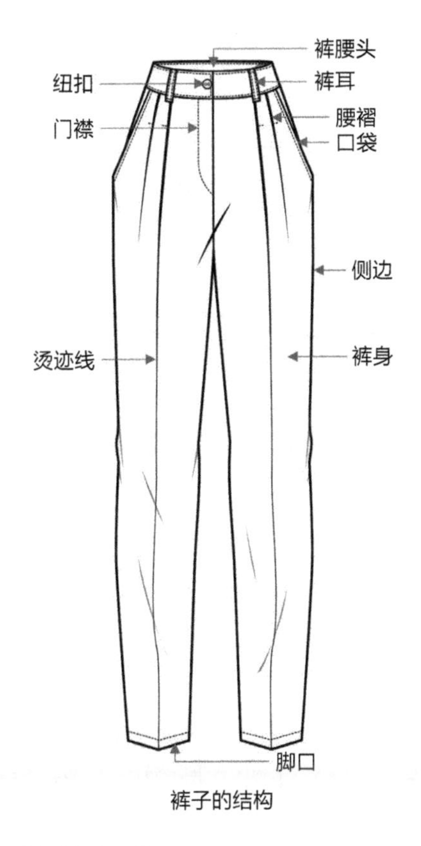

裤子的结构

4.9.2 裤子的常见廓形分类

阔腿型裤子：有宽阔裤脚的裤子，大腿处与裤脚上下保持一样的宽度，宽松的轮廓让裤型看起来更加简洁大气，不建议双腿不够修长的女性穿着。

小脚型裤子：上松下紧的裤子，也叫锥裤，这种裤型能很好地修饰腿型，有较好的瘦身和修身效果。

贴腿型裤子：是一种紧身裤，选用的面料要有较好的弹性，适合腿型修长的女性穿着。紧身裤分为两种，一种可以当作裤子穿，另一种只能当作袜子穿，也叫裤袜。

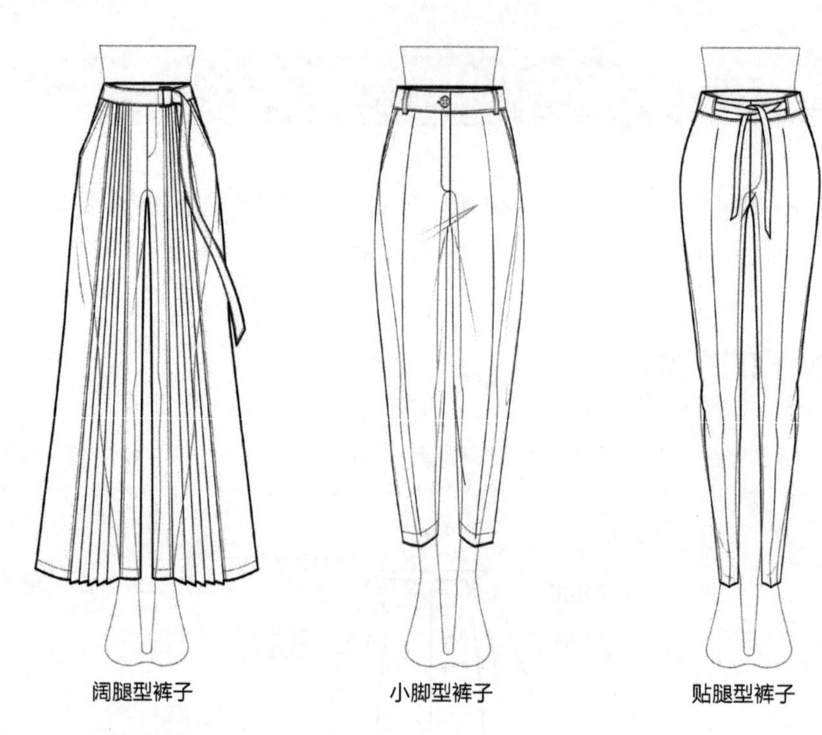

阔腿型裤子　　小脚型裤子　　贴腿型裤子

4.9.3 裤子的长度分类

短款裤子：超短裤的长度在臀部以下（有的露出一点臀部）或大腿中部以上，而一般短款的裤子长度在膝关节以上。

中长款裤子：长度在膝关节以下或小腿中部。

长款裤子：长度至脚踝骨上下。

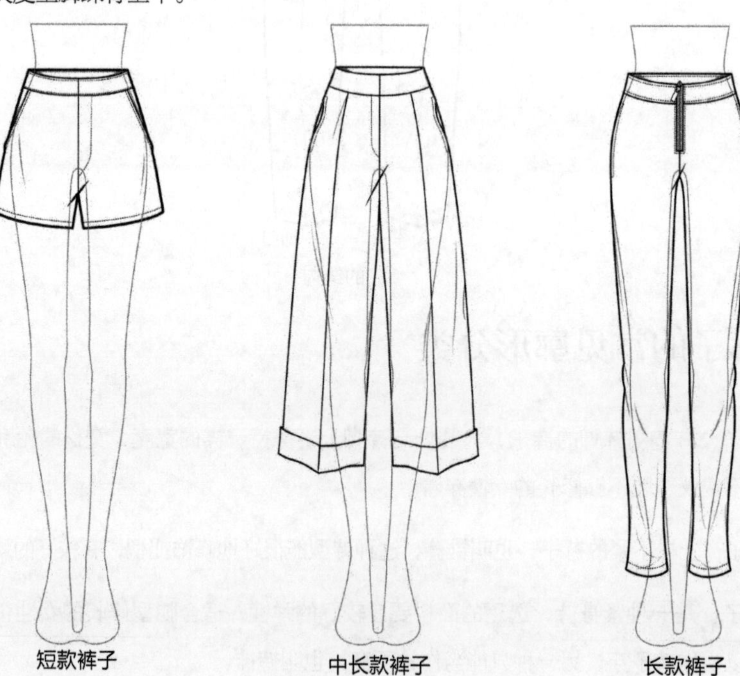

短款裤子　　中长款裤子　　长款裤子

4.9.4 裤子款式图绘制实例解析

扫码看视频

01 绘制服装人台基本形。用0.5mm的自动铅笔，围绕服装设计款式图人台模板尺的外边沿描绘出裤子的基本形。再根据模板标记线的位置，画出腰部线、中心线、裆底线和膝关节线。

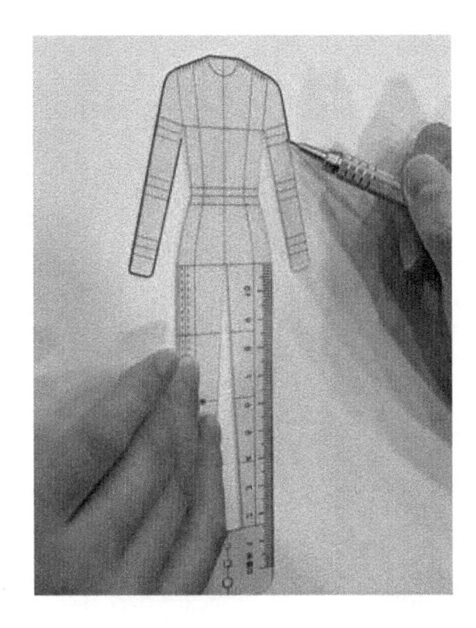

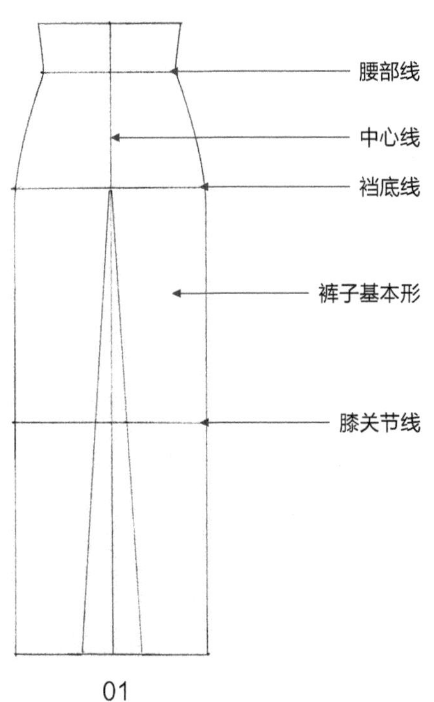

01

02 绘制裤腰头的基本形。根据裤子款式的腰头外形特征，参考裤子基本形和腰部标记线，绘制出裤腰头。

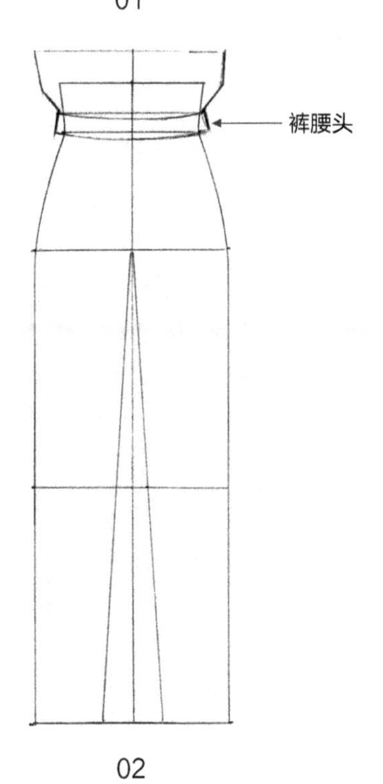

02

03 绘制裤身的基本形。根据裤身的廓形特征，确定其宽度和长度，完成裤身部位的基本外轮廓绘制。

注：通常先画脚口线确定裤子的长度，再画裤身的内外侧边线。

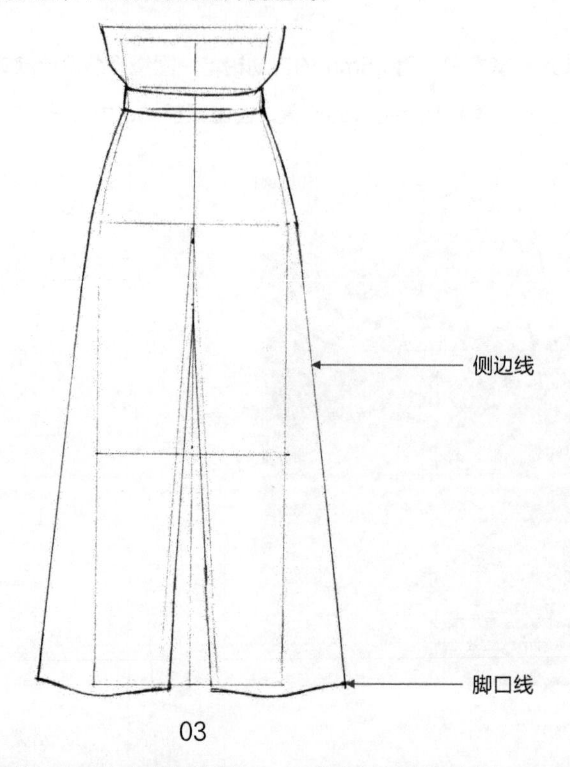

03

04 绘制局部细节和内部结构。根据裤子款式的内部结构特征，完成内部细节的绘制，如腰绳、口袋、褶裥和合缝等。

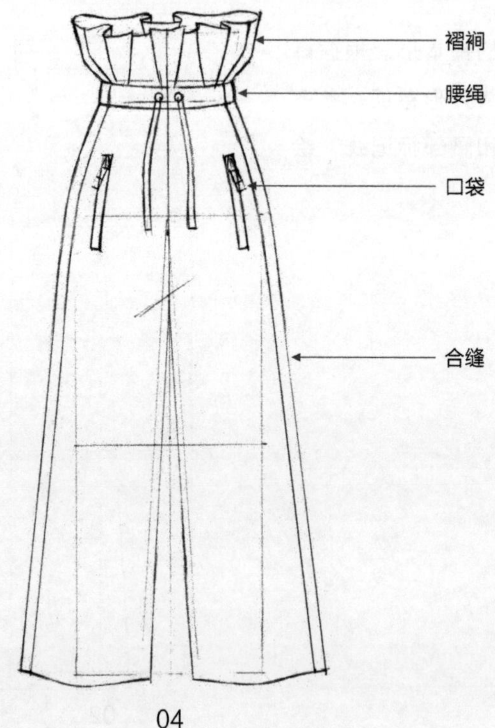

04

05 勾勒线条。用02号勾线笔勾勒出裤子款式的外轮廓线，用01号勾线笔勾勒出分割线和局部细节等，用005号勾线笔勾勒出缝迹线（虚线）。

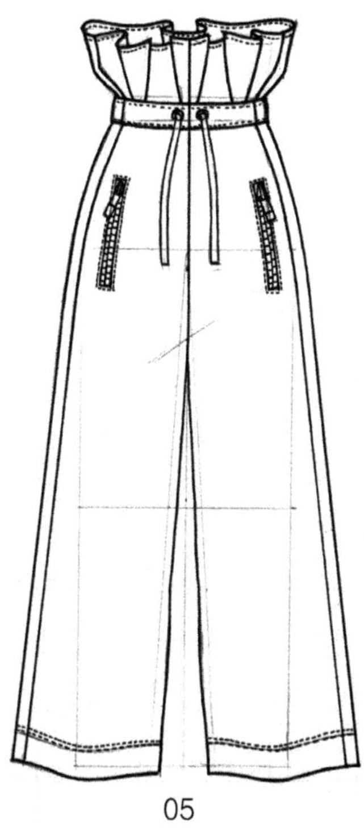

05

06 擦除铅笔稿，完成正面款式图的绘制。用4B橡皮将起稿时所画的铅笔线擦除干净，完成裤子正面款式图的绘制。

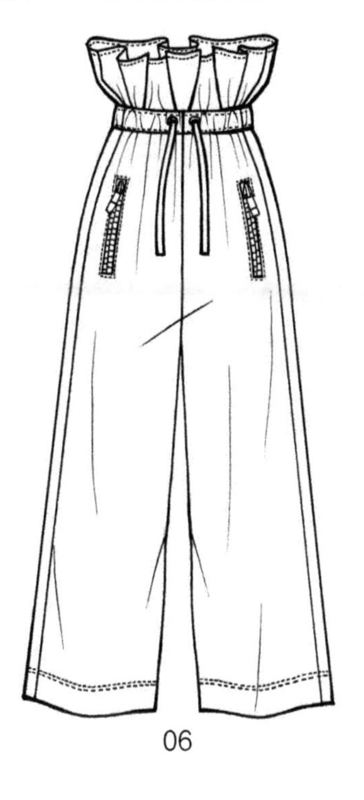

06

07 完成背面款式图的绘制。根据裤子正面款式图的绘制步骤，完成裤子背面款式图的绘制。

07

4.9.5 裤子款式图赏析

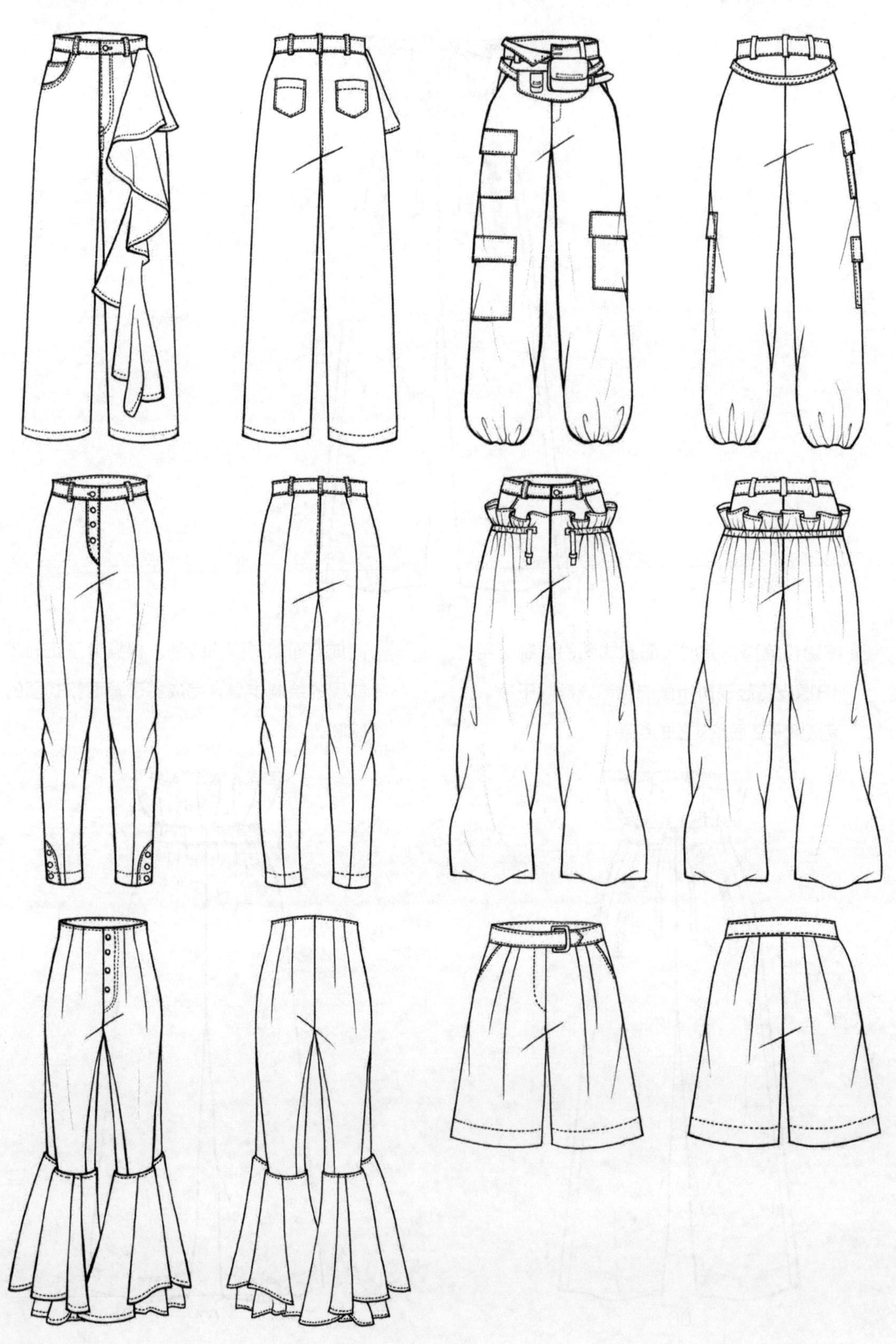

4.10 连身裤款式图绘制与赏析

女式连身裤也是一种裤装，因连体而被称为连身裤。连身裤上下一体的独特设计在视觉上产生连贯性，穿起来会显得更加修长、潇洒。

4.10.1 连身裤的结构

连身裤的结构由领子、门襟（拉链）、衣身、袖子、袖口、分割线、口袋、侧边、裤身和脚口等构成。

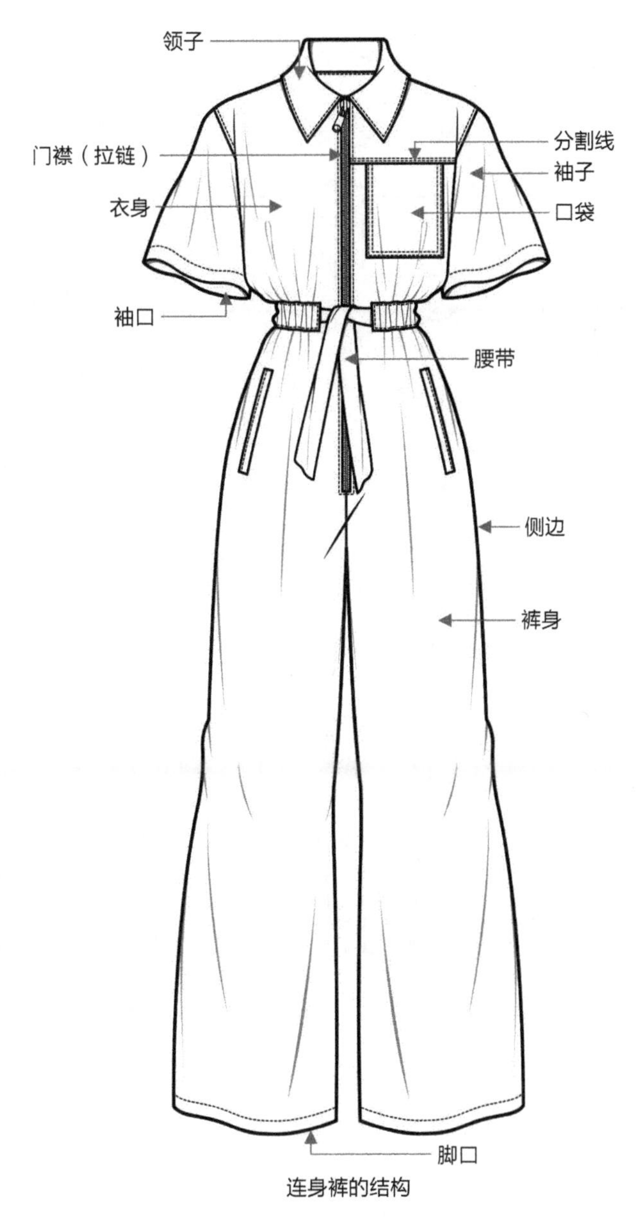

连身裤的结构

4.10.2 连身裤的常见款式分类

无领型连身裤：圆领口、V字领口、一字露肩型的连身裤，时尚大气，适合性感的女性穿着。

有领型连身裤：有翻领、西装领等领型的连身裤，既不会显得过分正式，又不会显得太休闲，十分适合职场女性穿着。

肩带型连身裤：通过肩带连接衣身的连身裤，是一件非常“减龄”的单品，无论春夏秋冬，都非常适合女性穿着。

无领型连身裤　　有领型连身裤　　肩带型连身裤

4.10.3 连身裤的宽度分类

紧身型连身裤：是一种与人体贴合较紧的衣型，适合身材比例较好的女性穿着。

适身型连身裤：是一种与人体贴合比较适度的衣型，有一定的放松量，适合胖瘦均匀的高挑女性穿着。

宽松型连身裤：是一种与人体贴合较松的衣型，有较大的放松量，穿上会有潇洒自如之感，适合高挑的女性穿着。

紧身型连身裤　　适身型连身裤　　宽松型连身裤

4.10.4 连身裤款式图绘制实例解析

01 绘制服装人台基本形。选用0.5mm的自动铅笔，围绕服装设计款式图人台模板的外边沿，描绘出服装人台基本形。再根据模板标记线的位置，画出中心线、腰部线、裆底线和膝关节线。

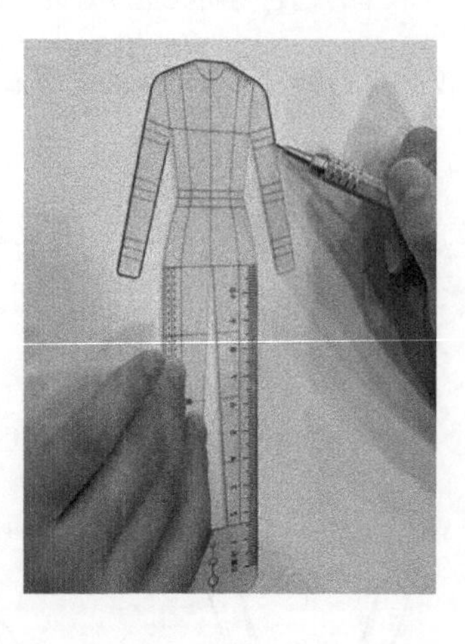

02 绘制领子的基本形。根据连身裤的领型的外形特征，参考服装人台基本形和各部位标记线，绘制出领子的基本形。

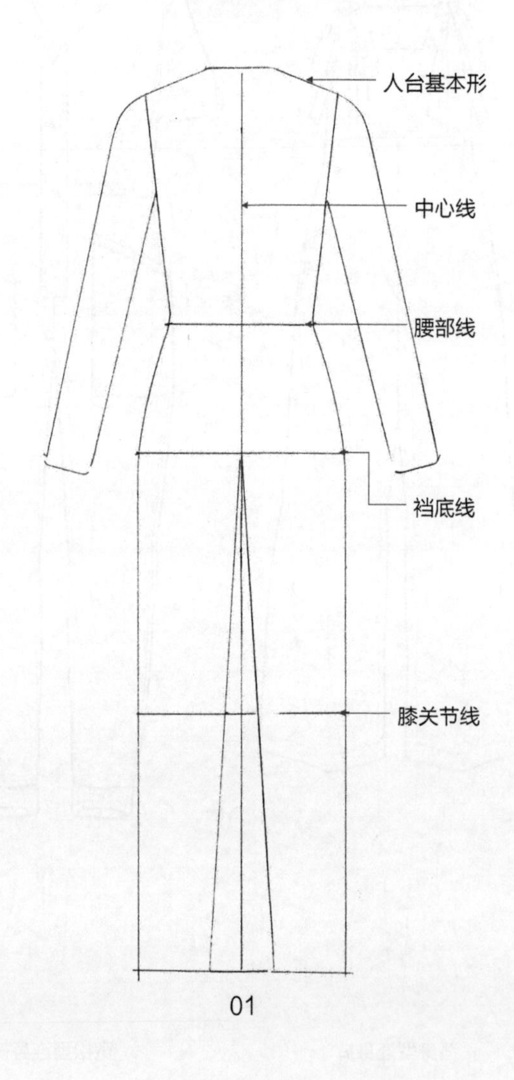

01

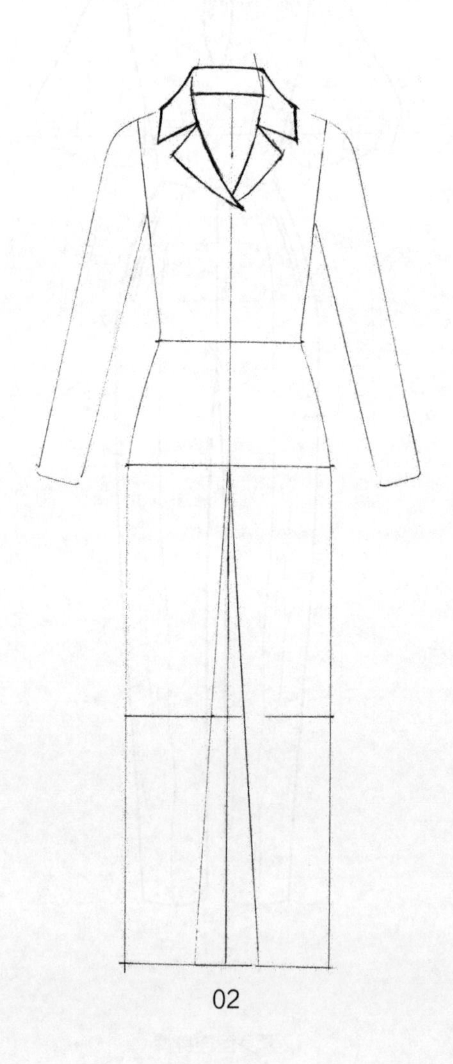

02

03 绘制衣身和裤身的基本形。根据连身裤的款式特征，参考服装人台基本形和标记线，确定腰宽、裤脚口的位置和大小，绘制出衣身和裤身的基本形。

04 绘制袖子基本形。根据连身裤的袖子廓形特征，确定袖口的位置，绘制出袖子的基础形。

注：先画袖口线，确定袖子的长度；再画袖子的侧边线，确定袖子的宽度。

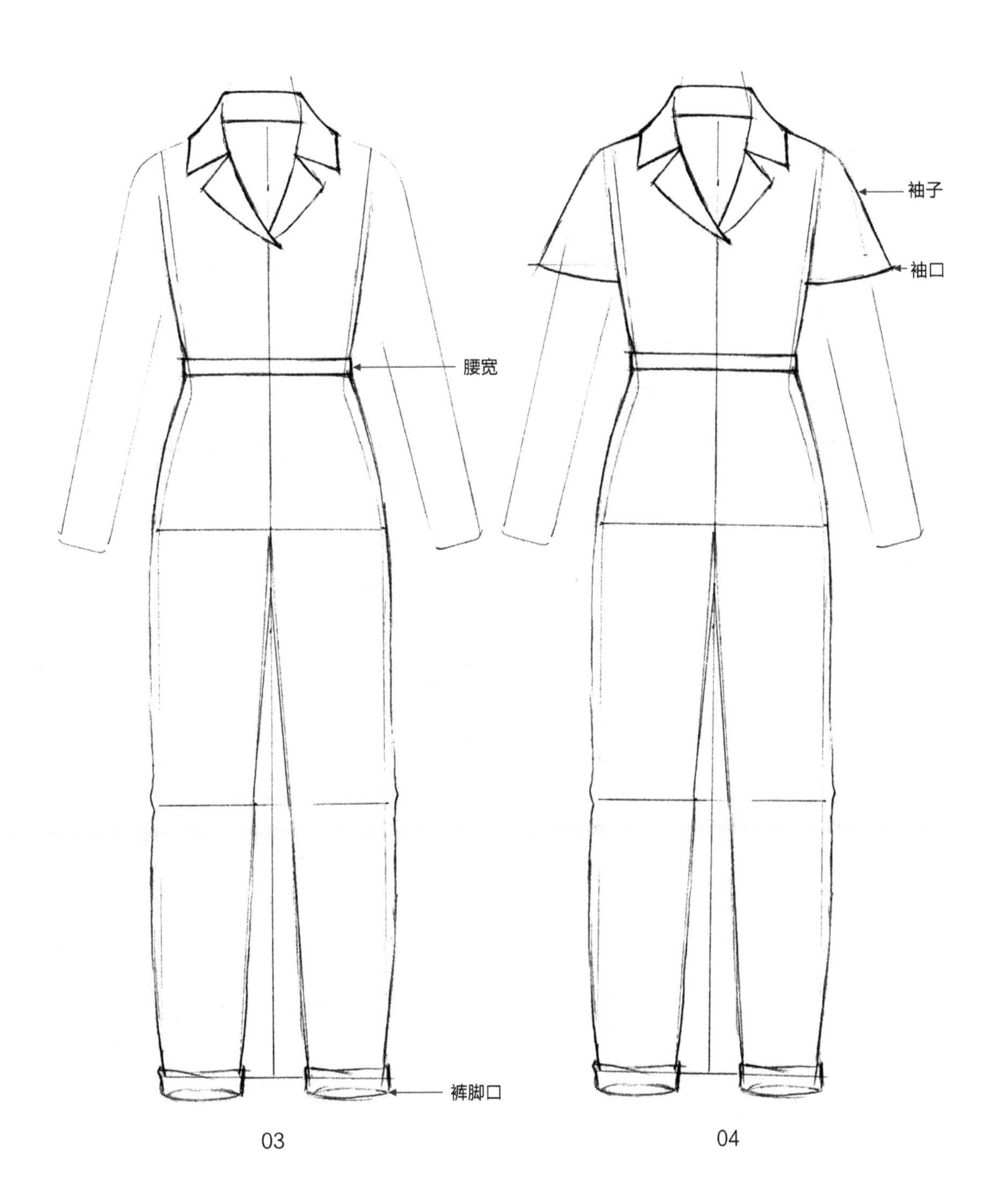

03　04

05 绘制局部细节和内部结构。根据连身裤的局部细节和内部结构特征，绘制出扣袢、扣子、口袋和合缝线等细节。

06 勾勒线条。用03号勾线笔勾勒出连身裤的外轮廓线，用01号勾线笔勾勒出分割线和局部细节等，用005号勾线笔勾勒出衣褶和缝迹线（虚线）。

07 擦除铅笔稿，完成正面款式图的绘制。用4B橡皮将起稿时画的铅笔线擦除干净，完成连身裤正面款式图的绘制。

08 完成背面款式图的绘制。根据连身裤正面款式图的绘制步骤，完成连身裤背面款式图的绘制。

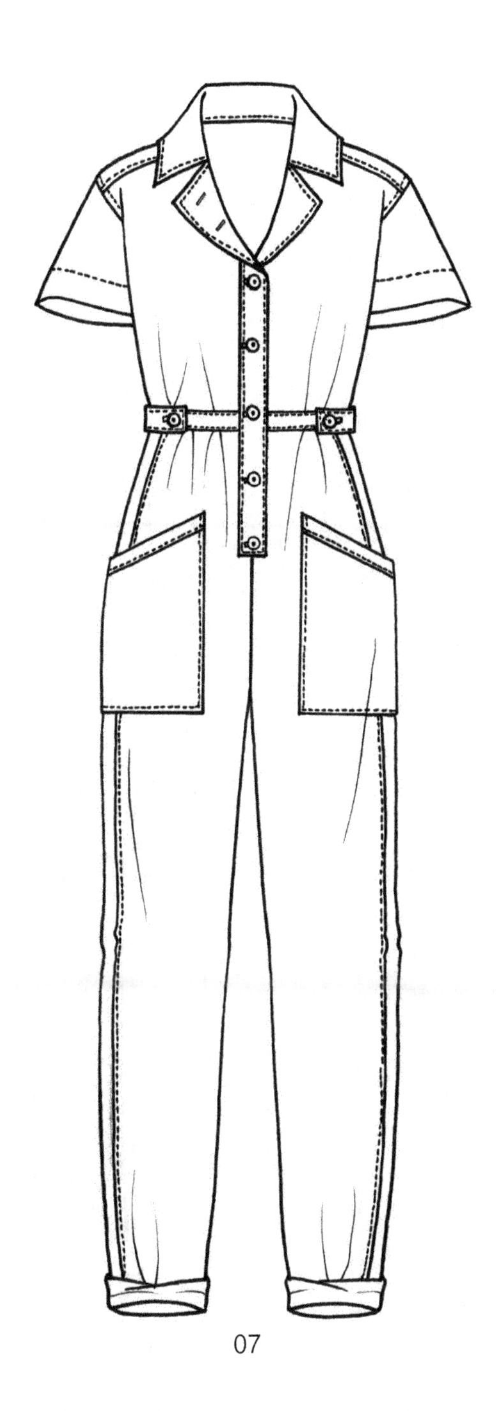

07

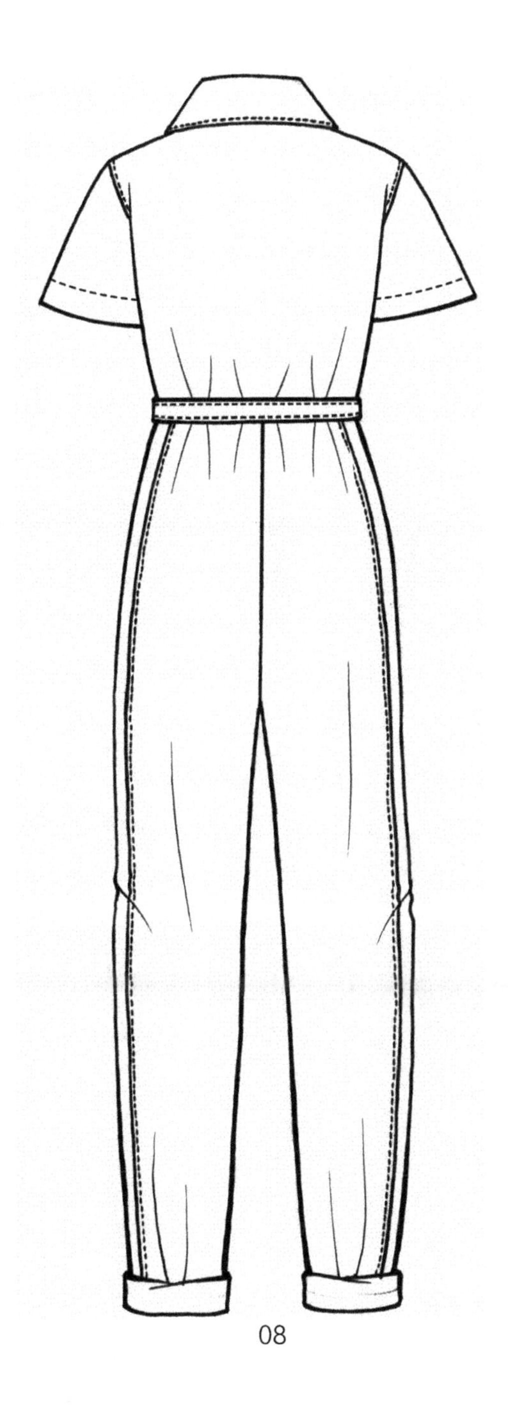

08

4.10.5 连身裤款式图赏析

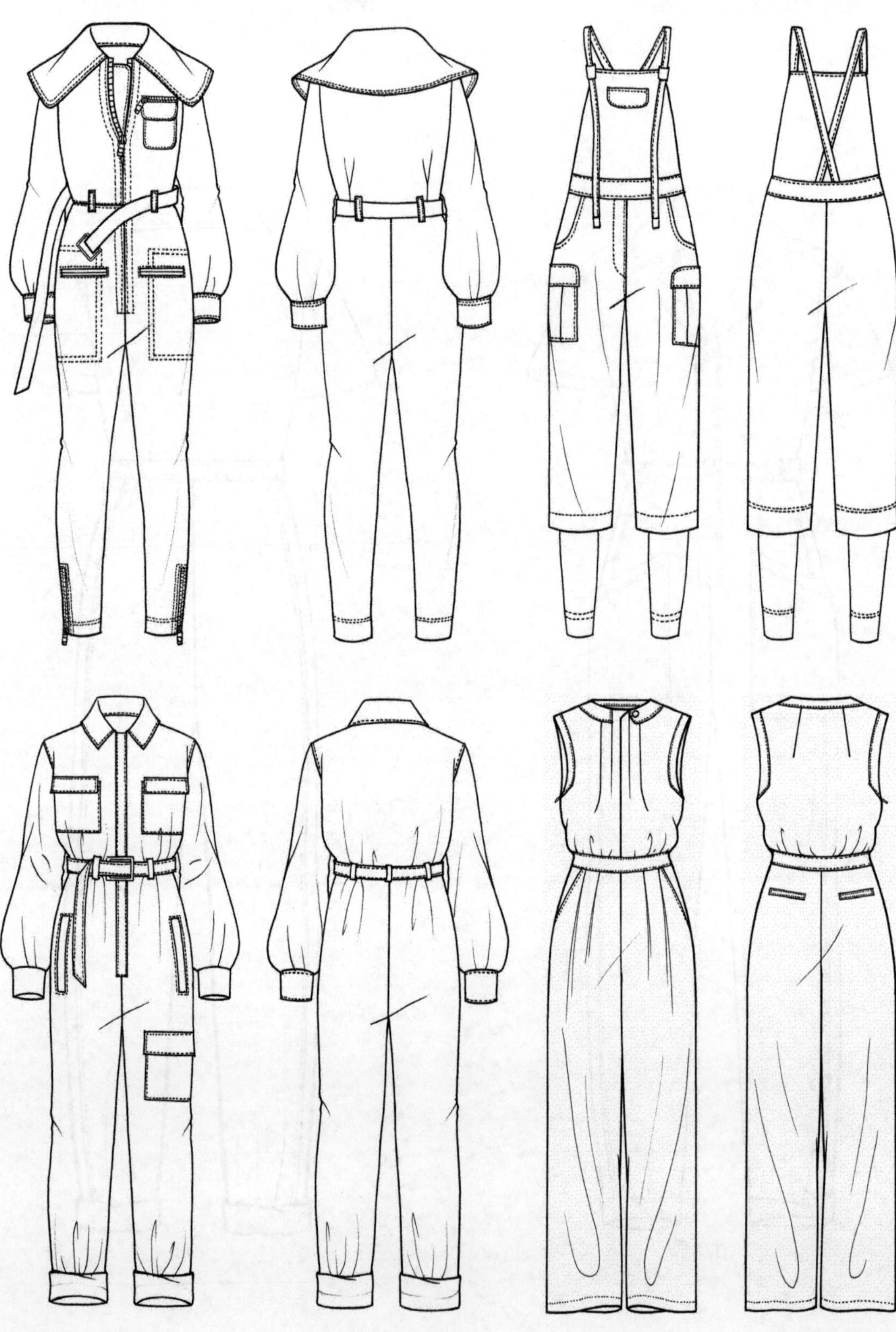

4.11 礼服款式图绘制与赏析

女式礼服以连衣裙装为基本原型，适合在重大场合穿着，具有庄重感和正式感。女式礼服以小礼服和大礼服（晚礼服）为主，按样式分为抹胸礼服、吊带礼服（单肩、双肩）、披肩礼服、露背礼服、拖尾礼服、短款礼服和鱼尾礼服等。礼服是女装中款式设计变化最丰富，视觉效果最美丽的。

4.11.1 礼服的结构

女式礼服的结构由领子（肩带）、造型线、裙身、袖子（无袖）、省道线、破缝（分割线）、侧边缝和裙摆等构成。

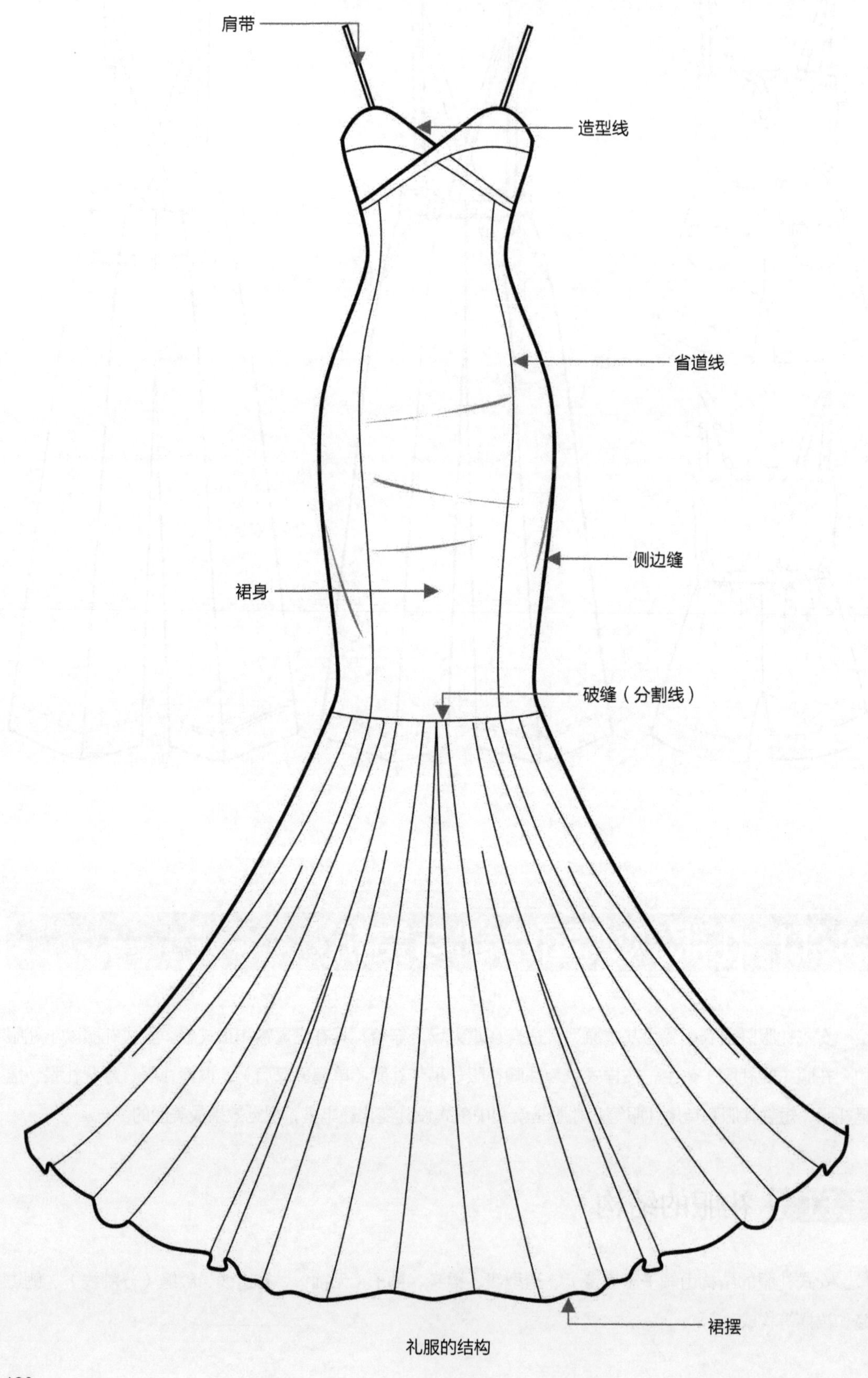

礼服的结构

4.11.2 礼服的常见款式分类

单肩型礼服：是一种裸露左肩或右肩的礼服款式，单肩礼服对人的身材要求比较高，需要有漂亮的锁骨和脖子，普通身材的人很难驾驭；搭配A字裙摆，一般显得比较优雅。

双肩型礼服：有左右肩带的礼服款式，相对单肩型更保守，适合胸部丰满的女性穿着。

无肩型礼服：也称抹胸礼服，可以露出性感精致的锁骨和优雅的肩颈线，适合身材高挑、胸部饱满的女性穿着，美中不足的是没有肩带支撑，很容易滑落。

单肩型礼服　　双肩型礼服　　无肩型礼服

4.11.3 礼服的长度分类

短款礼服：长度在膝关节以上，以A字裙摆款式居多，也被称为小礼服。

中长款礼服：长度在膝关节以下或小腿中部，更能体现年轻感。

长款礼服：长度至脚踝骨上下，也被称为大礼服或晚礼服，给人以高贵、典雅的感觉，适合晚宴时穿着。

短款礼服　　中长款礼服　　长款礼服

4.11.4 礼服款式图绘制实例解析

扫码看视频

01 绘制服装人体基本形。用0.5mm的自动铅笔围绕服装设计款式图人体模板的外边沿描绘出服装人体基本形。再根据模板标记线的位置，画出中心线、胸部线、腰部线和裆底线。

02 绘制领子的基本形。根据礼服的领部外形特征，参考服装人体基本形和各部位的标记线，绘制出领子的基本形。

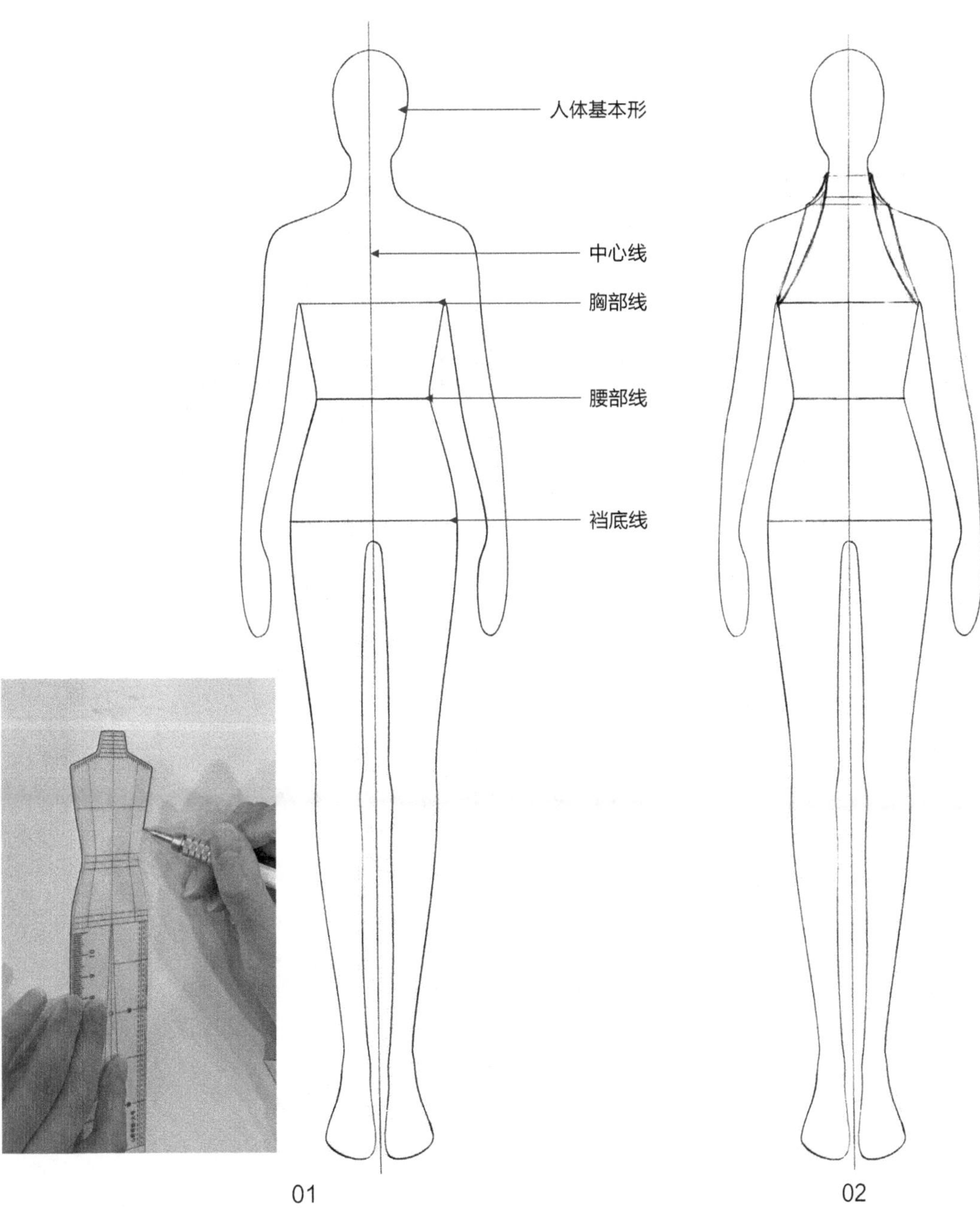

03 绘制衣身和裙身的基本形。根据礼服的款式特征，参考服装人体基本形和标记线，确定裙摆大小，绘制出衣身和裙身的基本形。

05 勾勒线条。用02号勾线笔勾勒出礼服款式的外轮廓线，用01号勾线笔勾勒出分割线和局部细节等，用005号勾线笔勾勒出衣褶和缝迹线（虚线）。

04 绘制局部细节和内部结构。根据礼服的局部细节和内部结构特征，绘制出分割线和褶纹等细节。

06 擦除铅笔稿，完成正面款式图的绘制。用4B橡皮将起稿时画的铅笔线擦除干净，完成礼服正面款式图的绘制。

07 完成背面款式图的绘制。根据礼服正面款式图的绘制步骤，完成礼服背面款式图的绘制。

06

07

4.11.5 礼服款式图赏析

05

第5章 服装设计款式图绘制技法——男装篇

男装是指穿着在男性身上的服装，包括上装和下装。上装主要有T恤衫、衬衣、马甲、西装、夹克、大衣、卫衣、羽绒服和冲锋衣等；下装主要以裤装为主，有西装裤、运动裤、休闲裤和工装裤等。随着时代的发展，男装同女装一样也有着自身的设计理念和独特张扬的个性。2010年至今，很多潮牌不再拘泥于街头文化，开始向日常生活领域渗透，融入了更多新的现代精神和文化内涵，这也影响了男装款式的设计和制作。在绘制男装款式图时，应注重廓形的变化、领部的形状、腰节线的位置、分割线及省道的取舍、衣身与袖子的长短、正背面结构的关系。本章采用比例绘制法讲解男装正背面款式图的绘制方法。

5.1 T恤衫款式图绘制与赏析

男式T恤衫按袖子长短分为长袖、中袖、短袖和无袖，按领口样式分为圆领、翻领、V领、衬衣领、立领和连帽款等，按板型分为直筒形、宽松型、收腰型、修身型和插肩袖型，按图案花纹分为条纹、印花、格子、迷彩、针织、纯色和罗纹等。

5.1.1 T恤衫款式图绘制实例解析

01 绘制比例等分格。根据8头身男性人体比例关系，用0.5mm的自动铅笔分步绘制出4头身的比例等分格。

注：步骤1中的两个正方形，可根据所绘制的款式图自定大小。

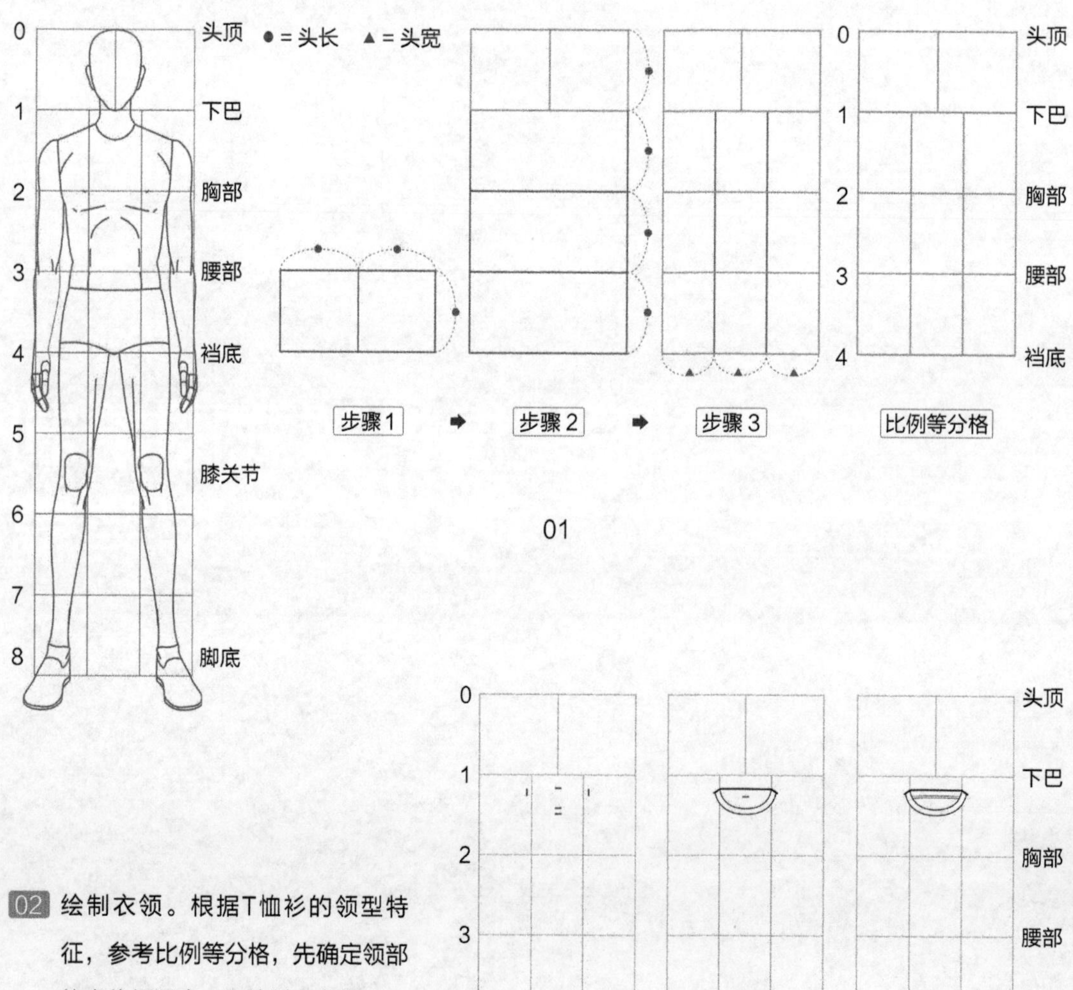

02 绘制衣领。根据T恤衫的领型特征，参考比例等分格，先确定领部的定位标记点，再绘制出衣领。

03 绘制衣身。根据T恤衫的衣身廓形特征，参考比例等分格，先确定肩部、腋下和下摆的定位标记点，再绘制出衣身部位。

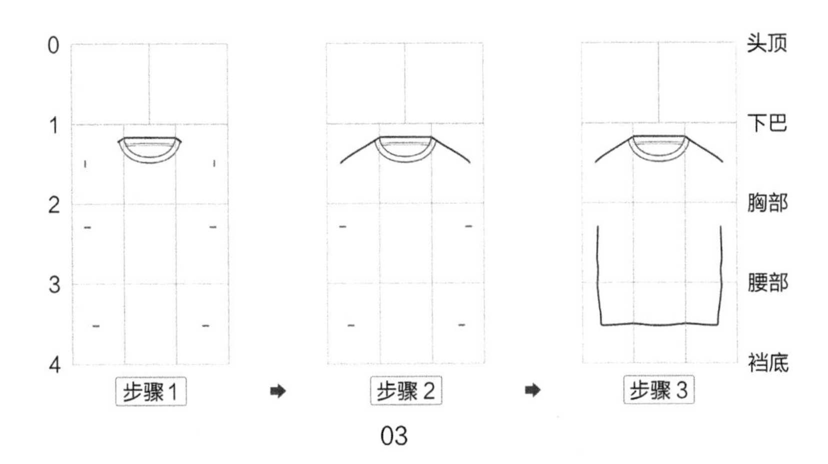

03

04 绘制袖子。根据T恤衫的袖子廓形特征，参考比例等分格，先确定左右袖口、衣袖长度、袖口宽度的定位标记点，然后绘制出袖子。

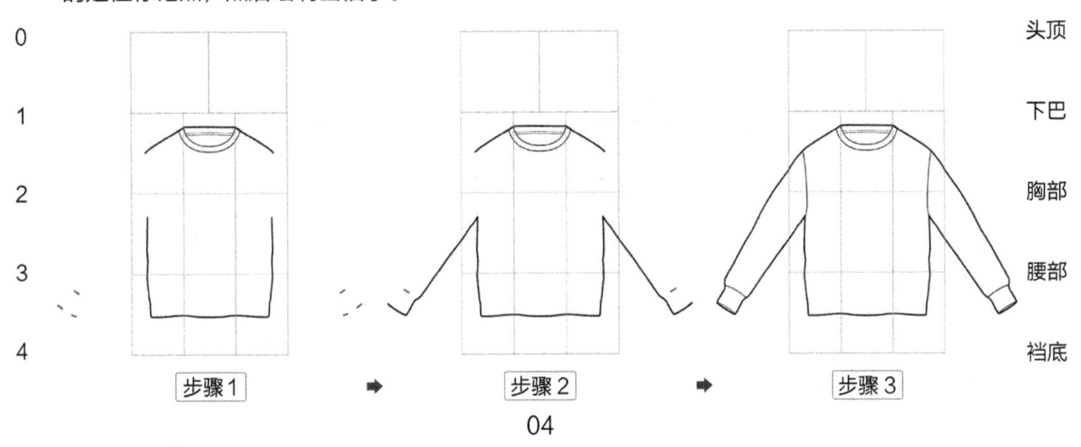

04

05 完成正面和背面款式图的绘制。用02号勾线笔勾勒外轮廓线，用01号勾线笔勾勒内部线条，再用005号勾线笔绘制缝迹线（虚线）和衣纹，完成T恤衫正面款式图的绘制。最后参照T恤衫正面款式图的绘制过程，完成T恤衫背面款式图的绘制。

05

5.1.2 T恤衫款式图赏析

5.2 衬衣款式图绘制与赏析

男式衬衣的衣领和袖口是设计的重点。可以将男式衬衣划分为商务衬衣、礼服衬衣、休闲衬衣、时尚衬衣和度假衬衣等。商务衬衣又分为两种：一种是内穿式，穿着在西装里面；另一种是外穿式。礼服衬衣又称燕尾服衬衣，大多是双翼型的立领设计，搭配领结而非领带，胸前有一定的装饰褶边，袖子都为双折袖。休闲衬衣，通常衣身宽松，衣长可至膝关节处，也可至胯间。时尚衬衣，一般根据流行趋势的演变而进行设计，颜色和面料的选择都很自由。

5.2.1 衬衣款式图绘制实例解析

01 绘制比例等分格。根据8头身男性人体比例关系，用0.5mm的自动铅笔分步绘制出4头身的比例等分格。

注：步骤1中的两个正方形，可根据所绘制的款式图自定大小。

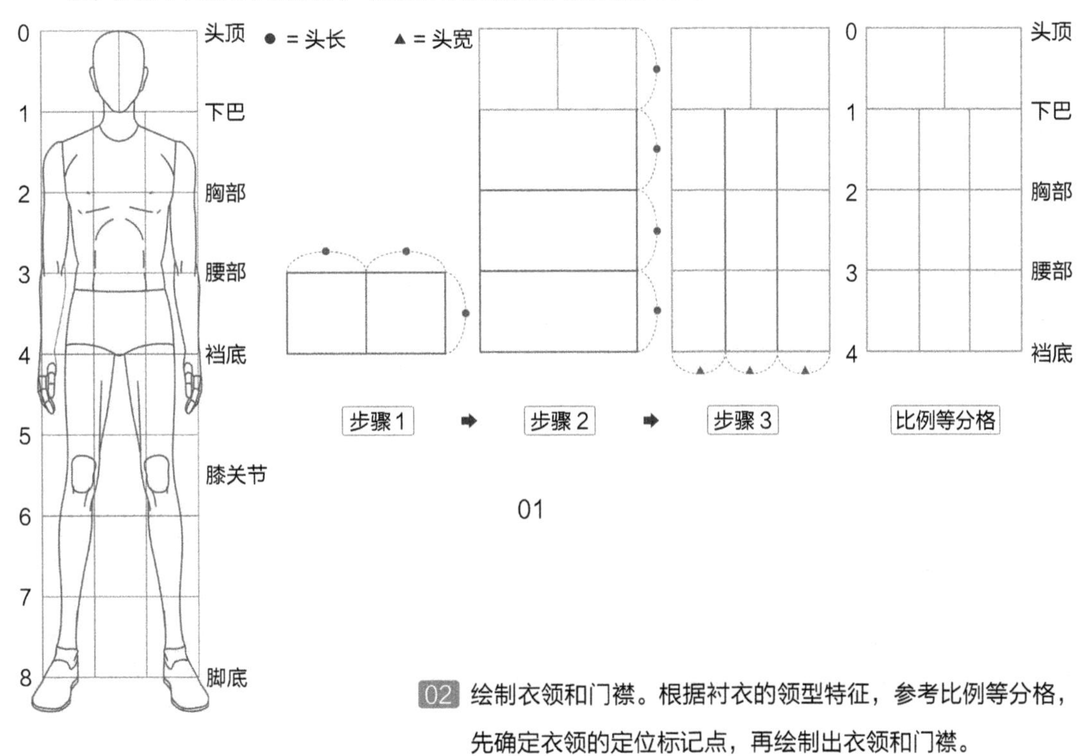

01

02 绘制衣领和门襟。根据衬衣的领型特征，参考比例等分格，先确定衣领的定位标记点，再绘制出衣领和门襟。

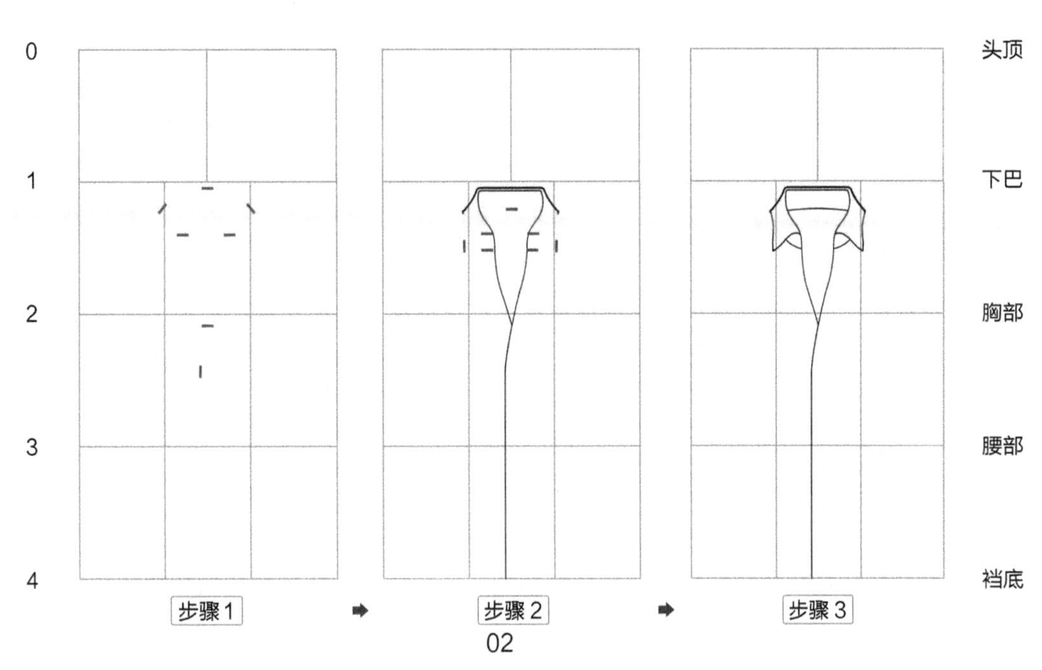

02

03 绘制衣身。根据衬衣的衣身廓形特征，参考比例等分格，先确定肩部、腋下和下摆的定位标记点，再绘制出衣身部位。

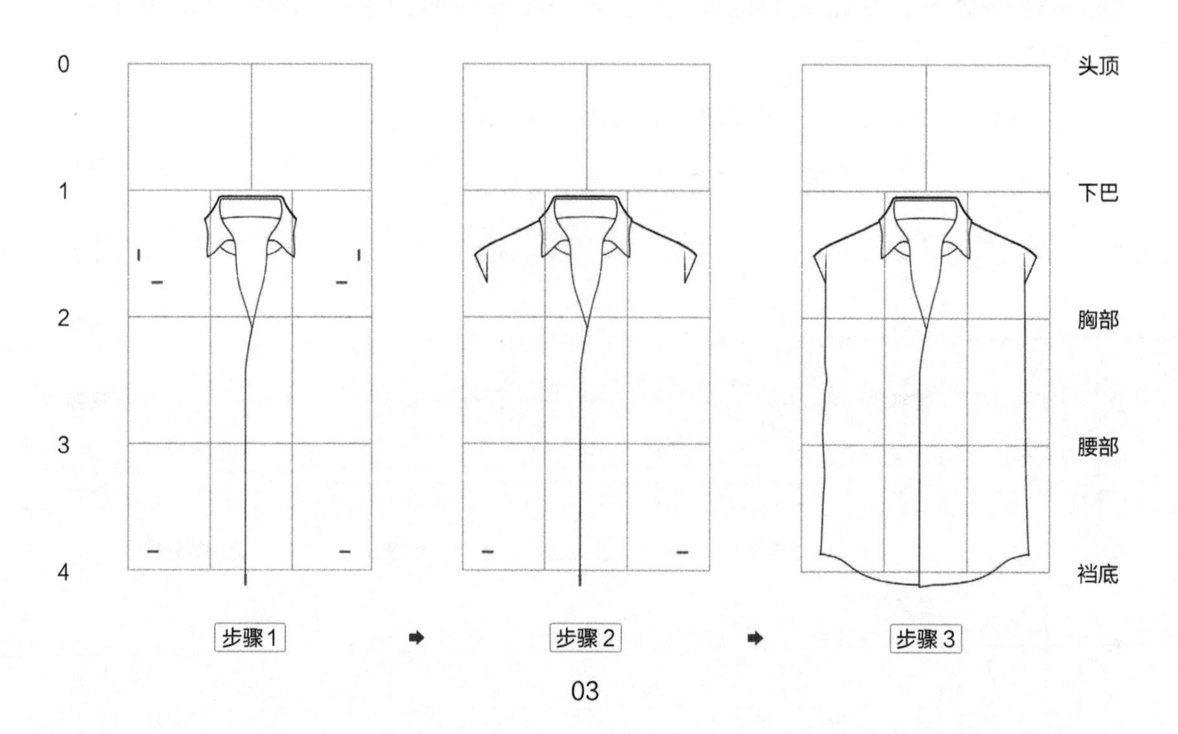

03

04 绘制衣袖。根据衬衣的衣袖廓形特征，参考比例等分格，先确定左右袖口、衣袖长度和袖口宽度的定位标记点，然后绘制出衣袖部位。

注：先画袖口，再画衣袖内侧线和外侧线。

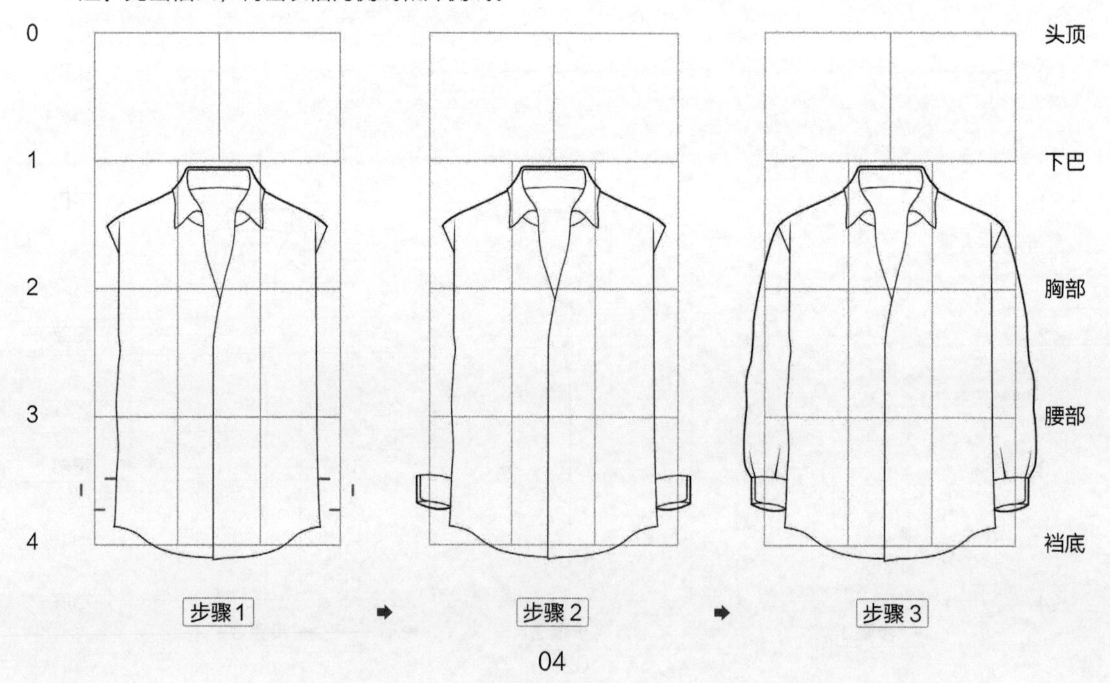

04

05 完成正面和背面款式图的绘制。用02号勾线笔勾勒外轮廓线条，用01号勾线笔勾勒内部线条（扣子、口袋、过肩），再用005号勾线笔绘制缝迹线（虚线）和衣纹，完成衬衣正面款式图的绘制。最后参照衬衣正面款式图的绘制过程，完成背面款式图的绘制。

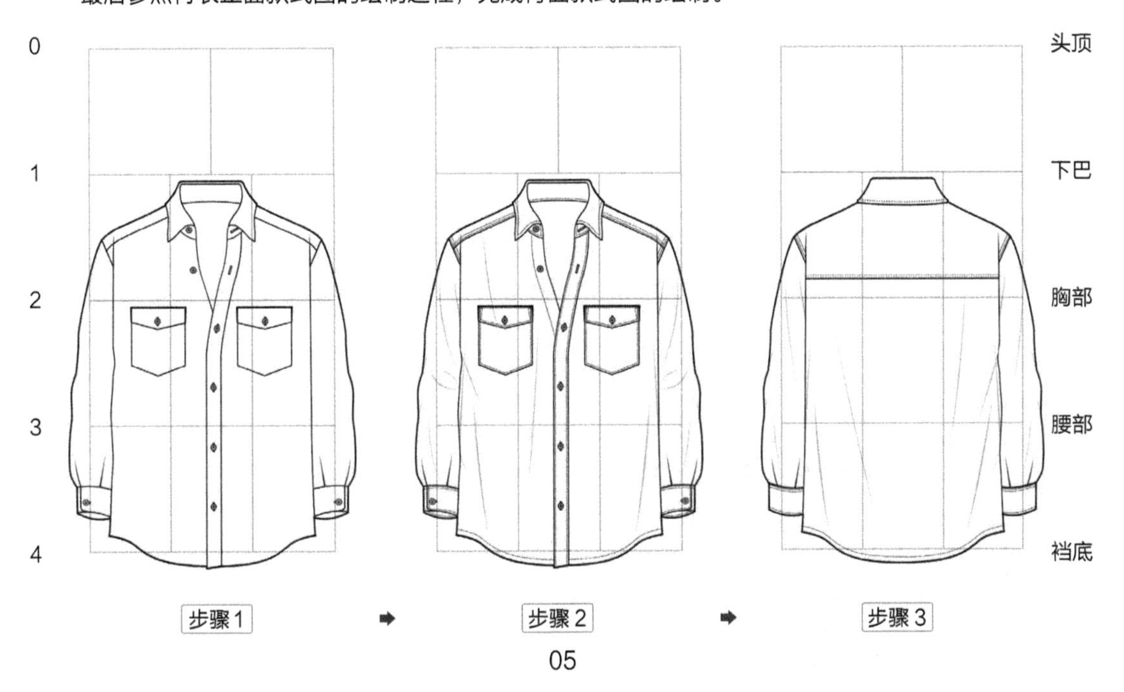

05

5.2.2 衬衣款式图赏析

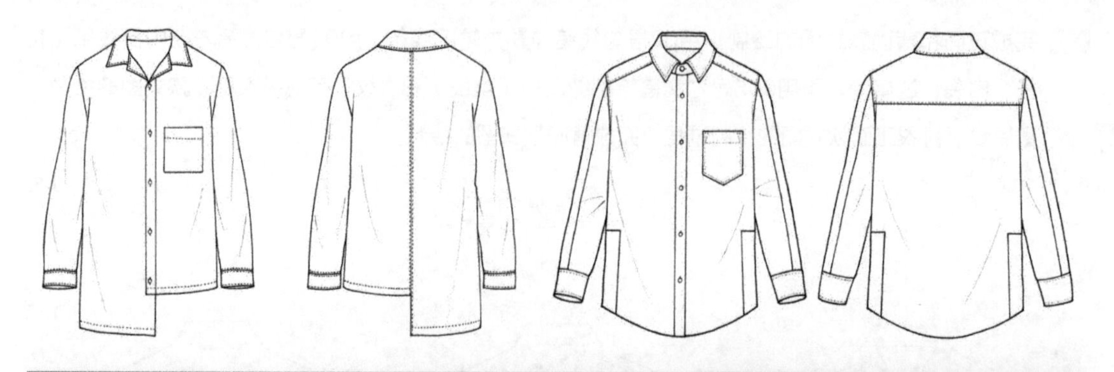

5.3 西装款式图绘制与赏析

男式西装可以分为商务西装、休闲西装和礼服西装3种。商务西装比较保守，只在细节部位（如兜型、领型和外轮廓造型等）有变化；休闲西装强调舒适性和时尚性；礼服西装是在参加晚宴、婚礼等隆重场合上穿着的，要突出高贵华丽感。西装的基本形式有单排2粒扣或3粒扣平驳领、双排4粒或6粒扣枪驳领，袖衩的装饰扣从1粒到4粒皆可，后开衩可选择中开衩、两侧开衩或无开衩。

5.3.1 西装款式图绘制实例解析

01 绘制比例等分格。根据8头身男性人体比例关系，用0.5mm的自动铅笔分步绘制出4头身的比例等分格。

注：步骤1中的两个正方形，可根据所绘制的款式图自定大小。

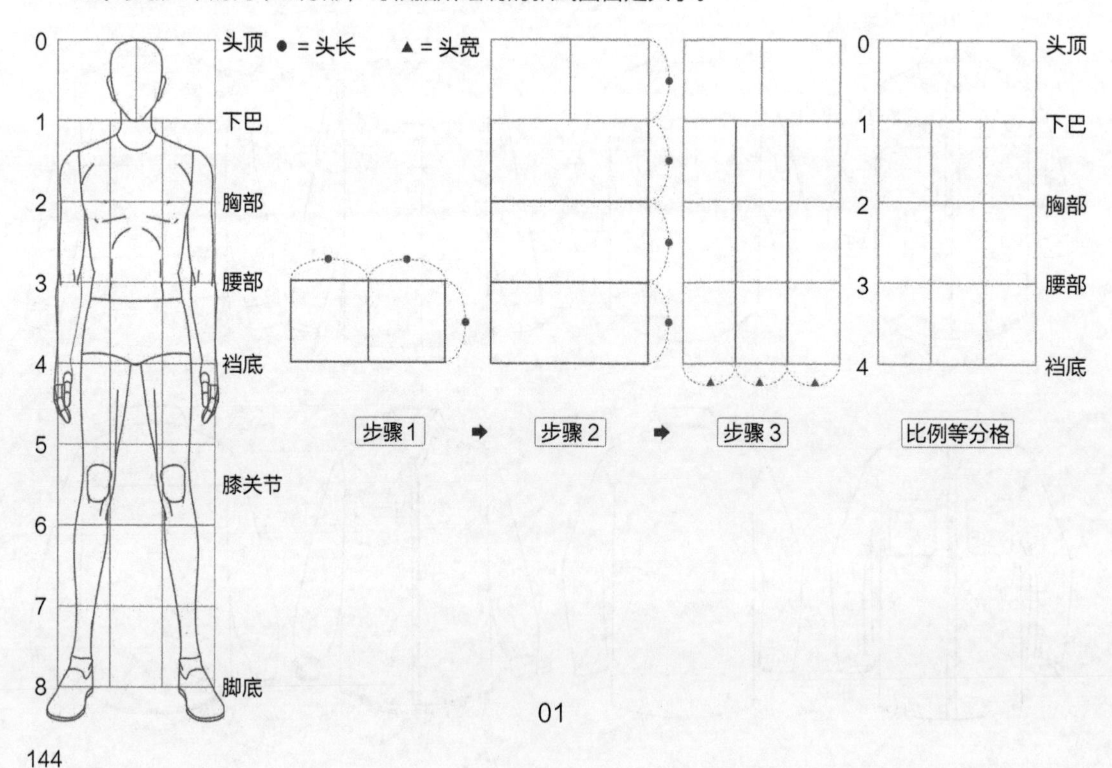

01

02 绘制衣领。根据西装的领型特征，参考比例等分格，先确定衣领的定位标记点，再绘制出衣领。

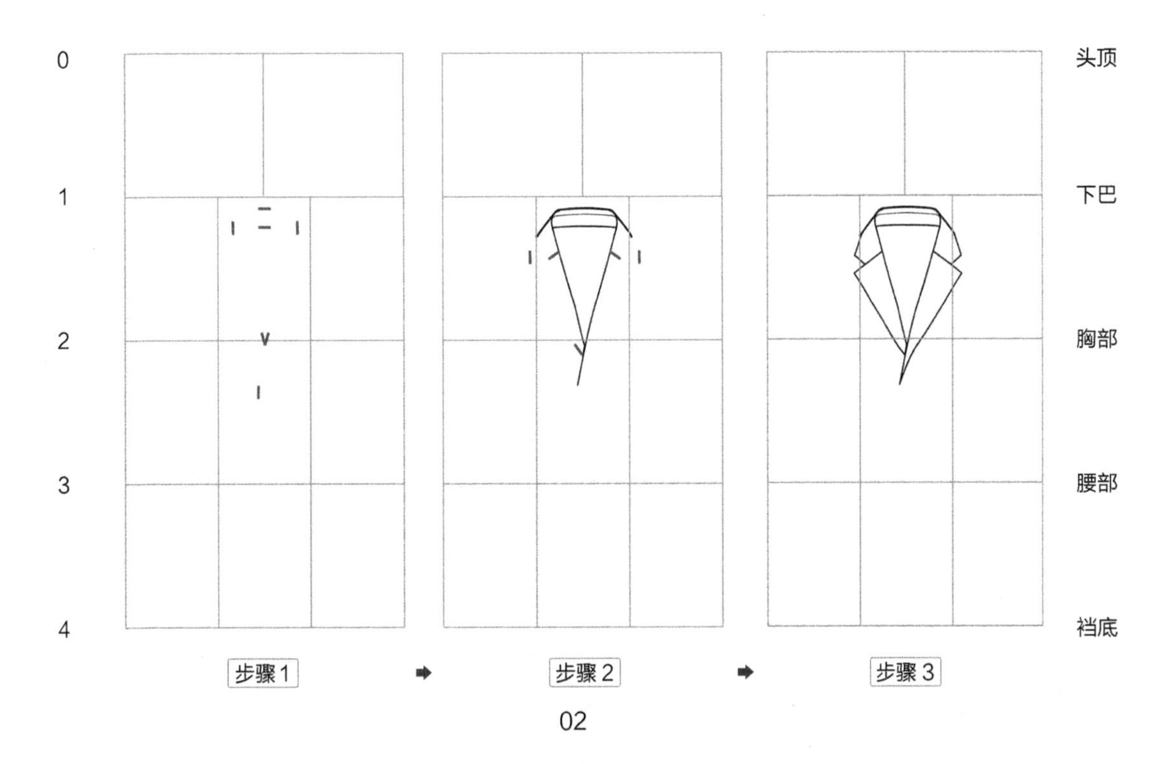

02

03 绘制衣身。根据西装的衣身廓形特征，参考比例等分格，先确定肩部、腋下和下摆的定位标记点，再绘制出衣身部位。

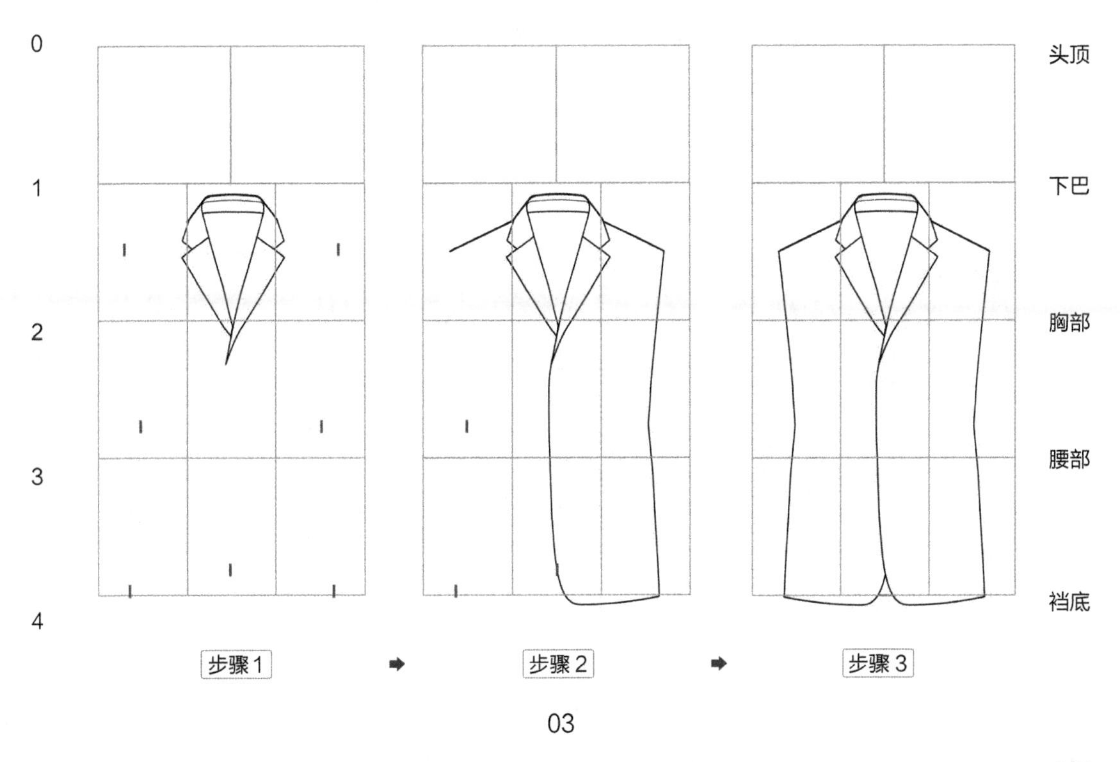

03

04 绘制衣袖。根据西装的衣袖廓形特征，参考比例等分格，先确定左右袖口、衣袖长度、袖口宽度的定位标记点，再绘制出衣袖部位。

注：先画袖口，再画衣袖内侧线和外侧线。

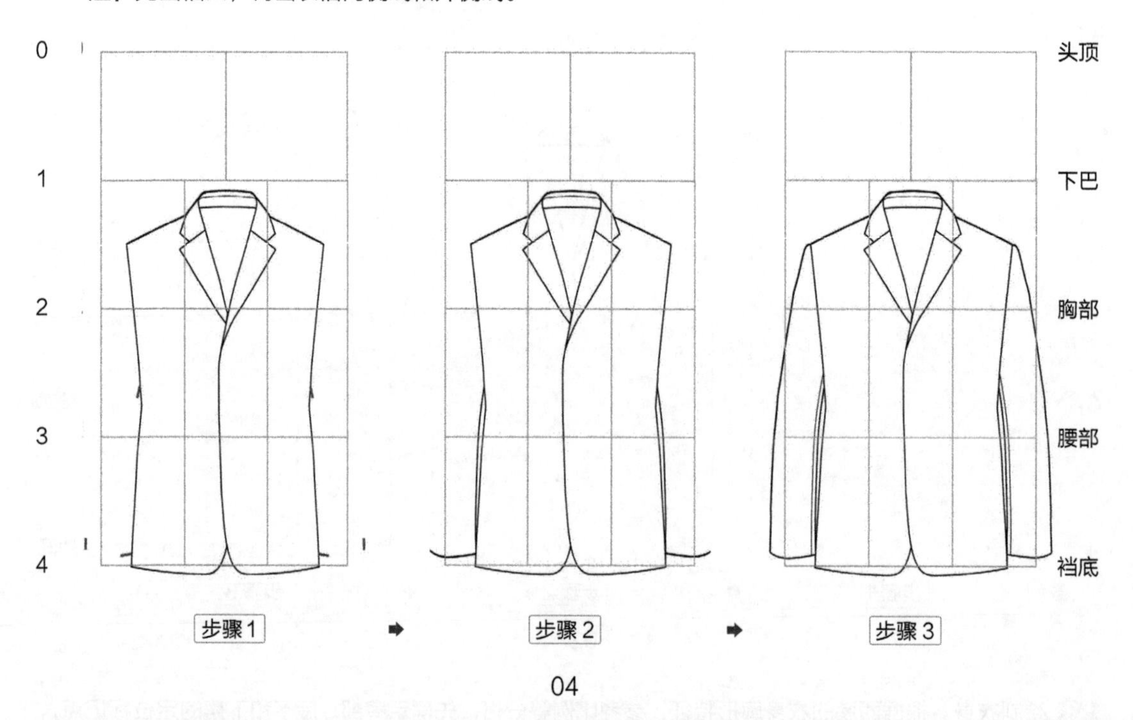

04

05 完成正面和背面款式图的绘制。用02号勾线笔勾勒外轮廓线条，用01号勾线笔勾勒内部线条（扣子、口袋、肩缝、省道），再用005号勾线笔绘制缝迹线（虚线）和衣纹，完成西装正面款式图的绘制。最后参照西装正面款式图的绘制过程，完成背面款式图的绘制。

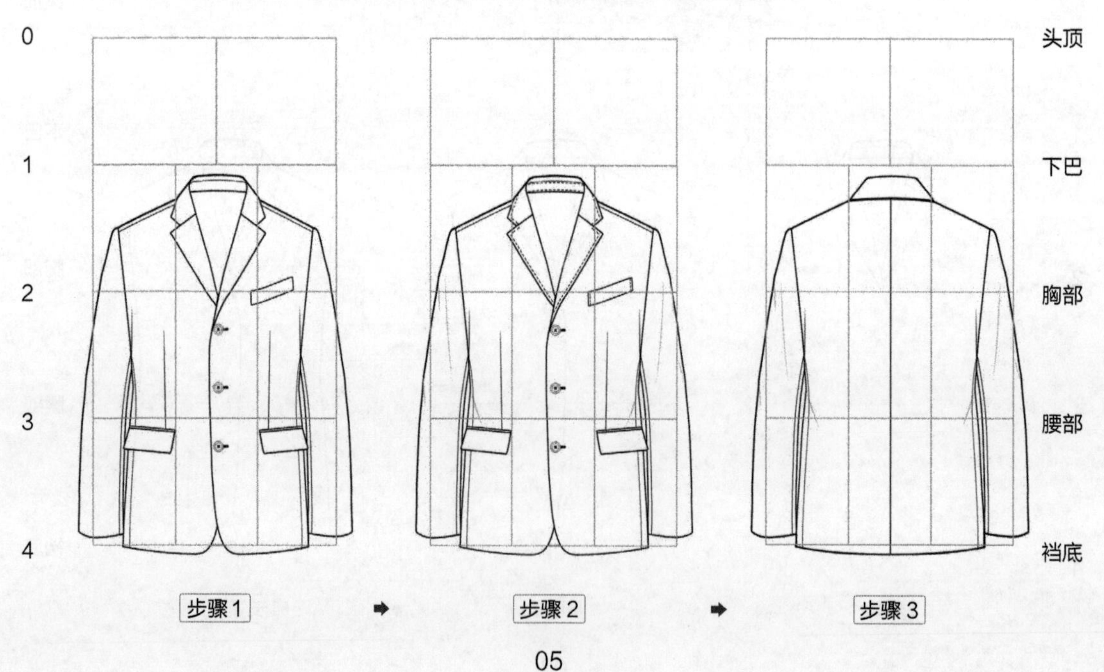

05

5.3.2 西装款式图赏析

5.4 卫衣款式图绘制与赏析

男式卫衣主要以时尚舒适为主，多为宽松休闲风格，款式分为套头衫、开胸衫、长衫和短衫等。男女都适合穿卫衣，配搭简单，无论是运动裤、牛仔裤，还是裙子，都可以轻松搭配出时尚感和宽松感。

5.4.1 卫衣款式图绘制实例解析

01 绘制比例等分格。根据8头身男性人体比例关系，用0.5mm的自动铅笔分步绘制出4头身的比例等分格。

注：步骤1中的两个正方形，可根据所绘制的款式图自定大小。

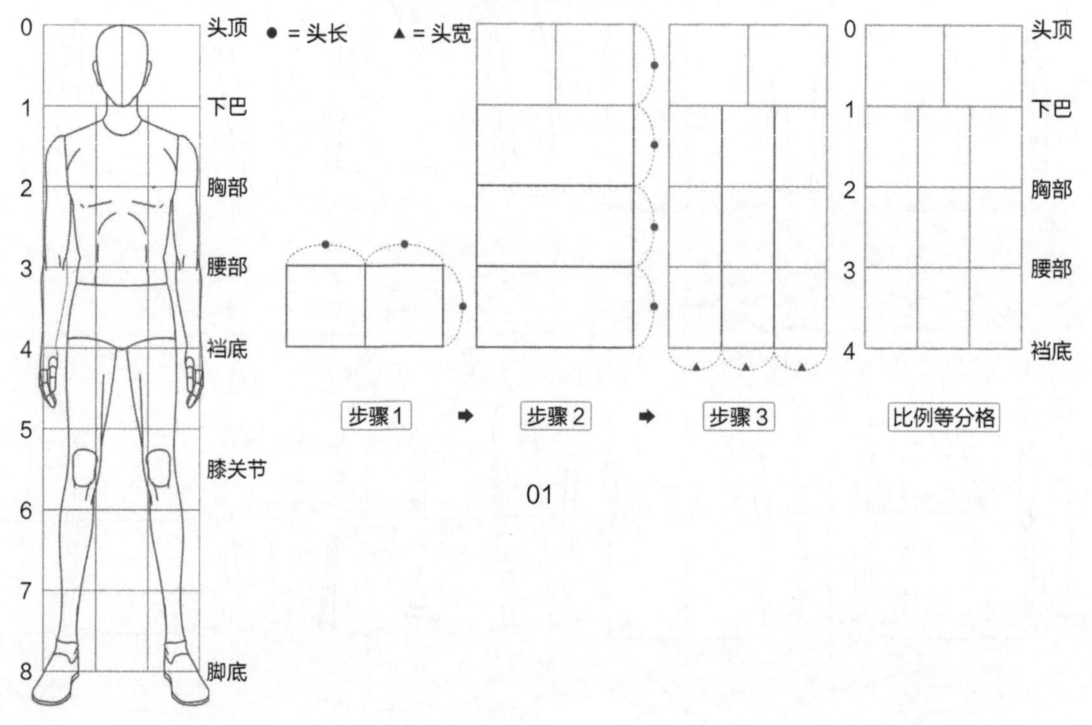

01

02 绘制帽子。根据卫衣帽子的特征，参考比例等分格，先做好的帽子定位标记点，再绘制出帽子。

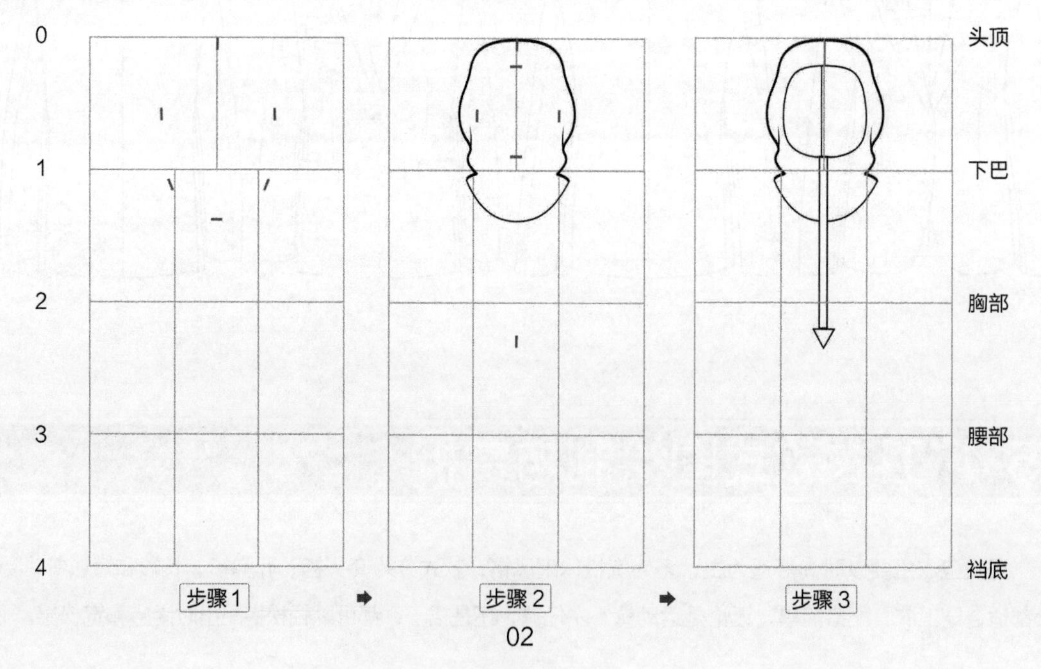

02

03 绘制衣身。根据卫衣的衣身廓形特征，参考比例等分格，先确定肩部和下摆的定位标记点，再绘制出肩部和下摆，然后确定腋下定位标记点，根据标记点绘制出衣身部位。

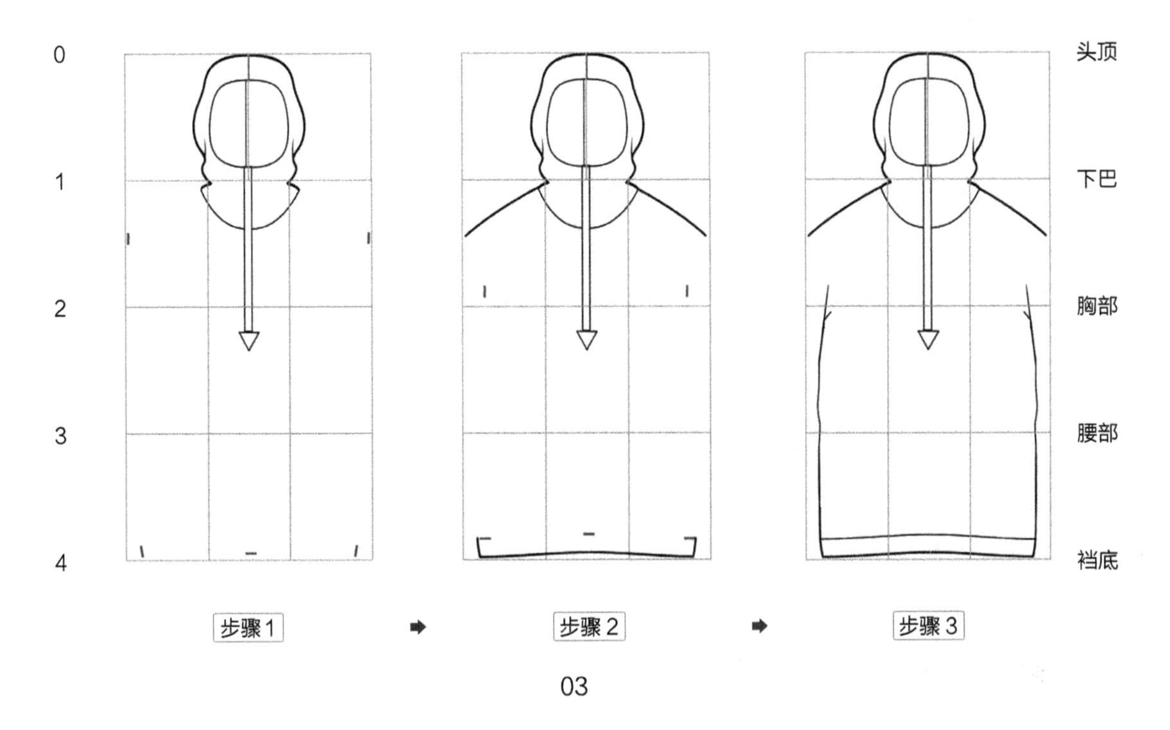

03

04 绘制衣袖。根据卫衣的衣袖廓形特征，参考比例等分格，先确定左右袖口、衣袖长度和袖口宽度的定位标记点，再绘制出衣袖部位。

注：先画袖口，再画衣袖内侧线和外侧线。

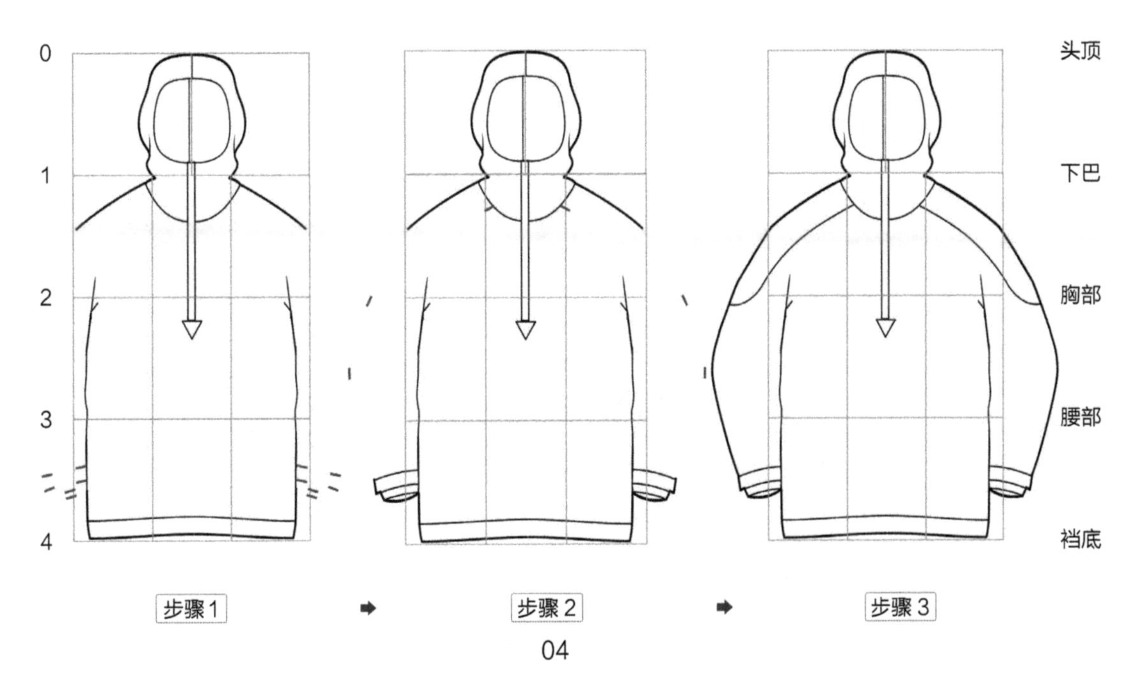

04

05 完成正面和背面款式图的绘制。用03号勾线笔勾勒外轮廓线条，用01号勾线笔勾勒内部线条（扣子、口袋、肩缝、省道），再用005号勾线笔绘制缝迹线（虚线）和衣纹，完成卫衣正面款式图的绘制。最后参照卫衣正面款式图的绘制方法，完成背面款式图的绘制。

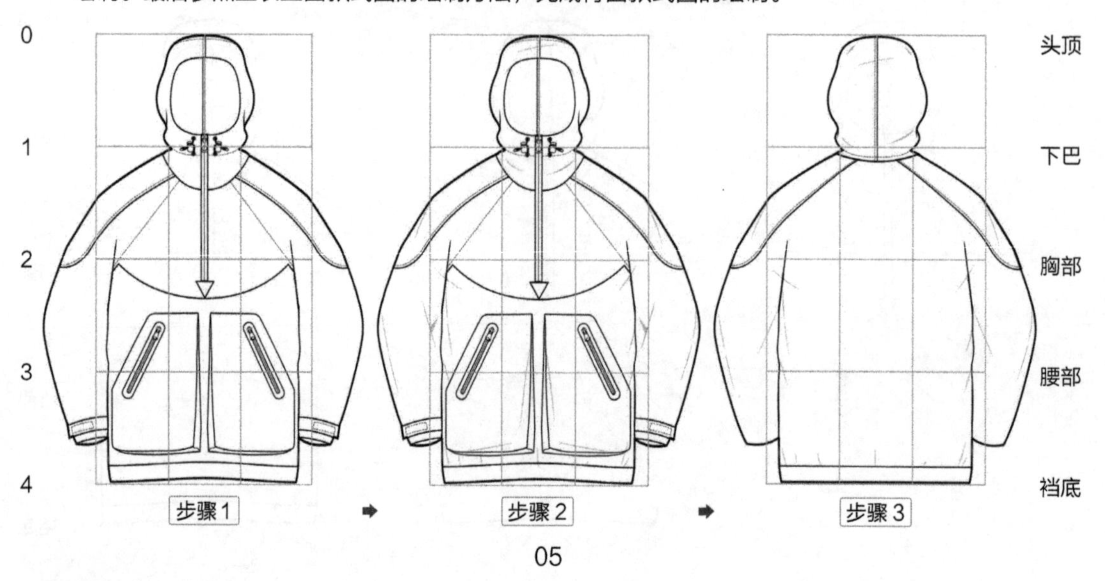

05

5.4.2 卫衣款式图赏析

5.5 大衣款式图绘制与赏析

男式大衣属于长款服装，以小翻领、大翻领、翻驳领、西装领、青果领、立翻两用领和立领等为主。扣子有单排扣和双排扣两类。男式大衣具有庄重、挺括、优雅等特点。

5.5.1 大衣款式图绘制实例解析

01 绘制比例等分格。根据8头身男性人体比例关系，用0.5mm的自动铅笔分步绘制出5头身的比例等分格。

注：步骤1中的两个正方形，可根据所绘制的款式图自定大小。

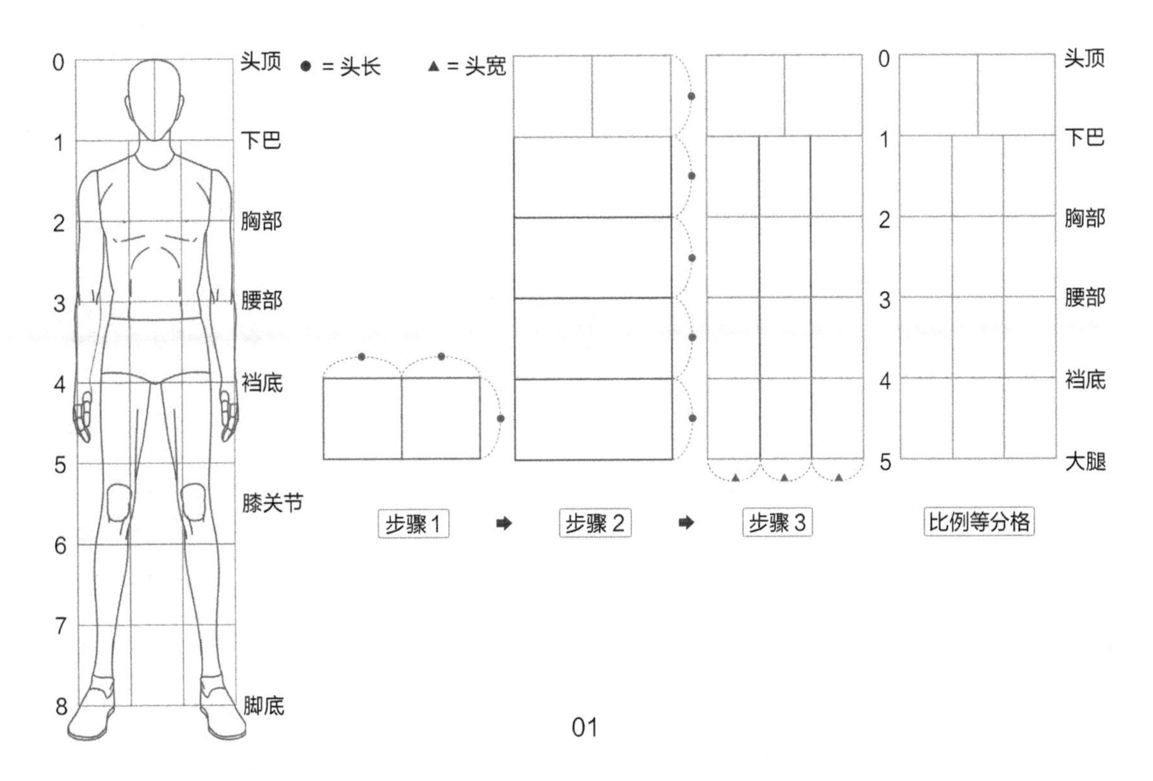

02 绘制衣领。根据大衣的领型特征，参考比例等分格，先确定衣领的定位标记点，再绘制出衣领。

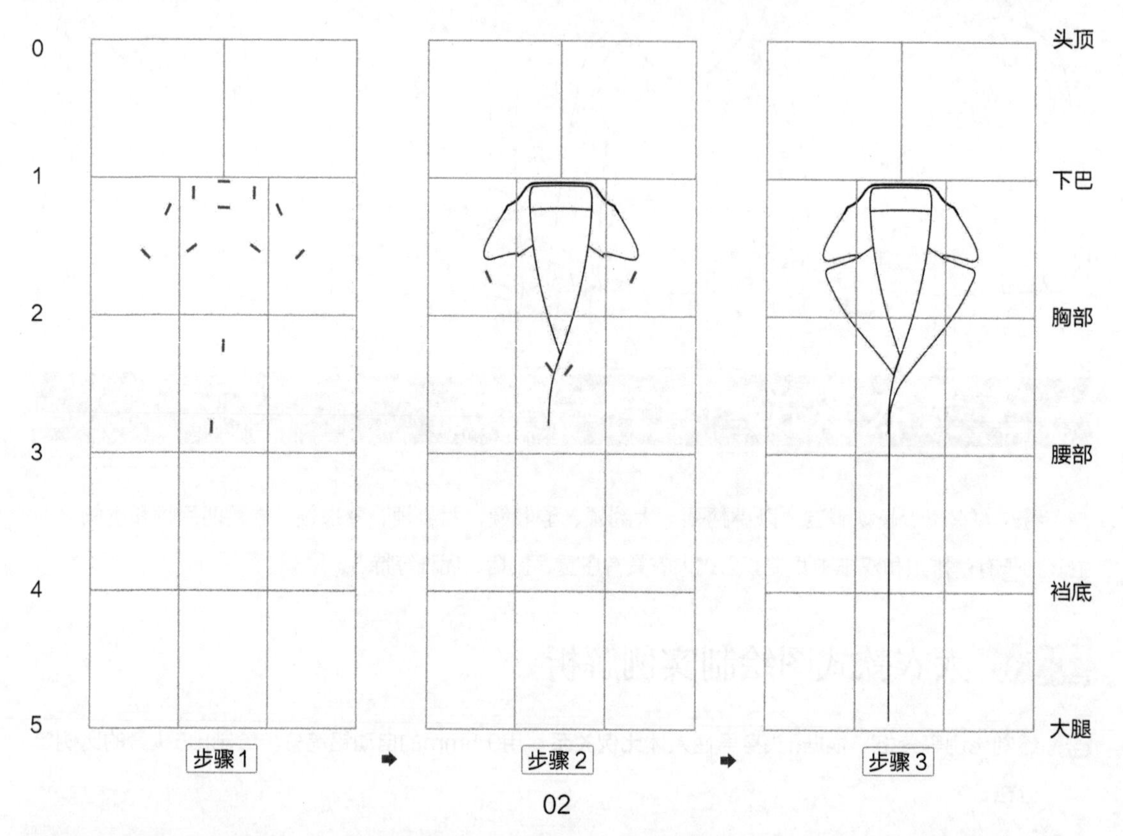

02

03 绘制衣身。根据大衣的衣身廓形特征，参考比例等分格，先确定肩部、腋下和下摆的定位标记点，再绘制出衣身部位。

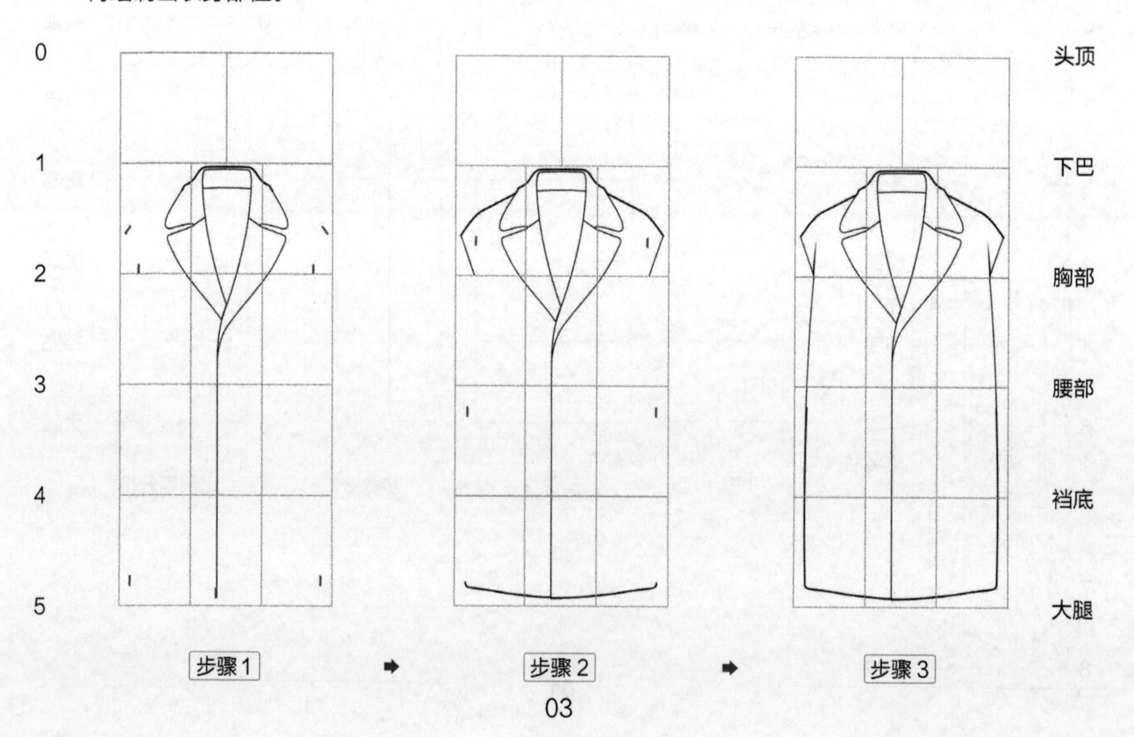

03

04 绘制衣袖。根据大衣的衣袖廓形特征，参考比例等分格，先确定左右袖口、衣袖长度和袖口宽度的定位标记点，再绘制出衣袖部位。

注：先画袖口，再画衣袖内侧线和外侧线。

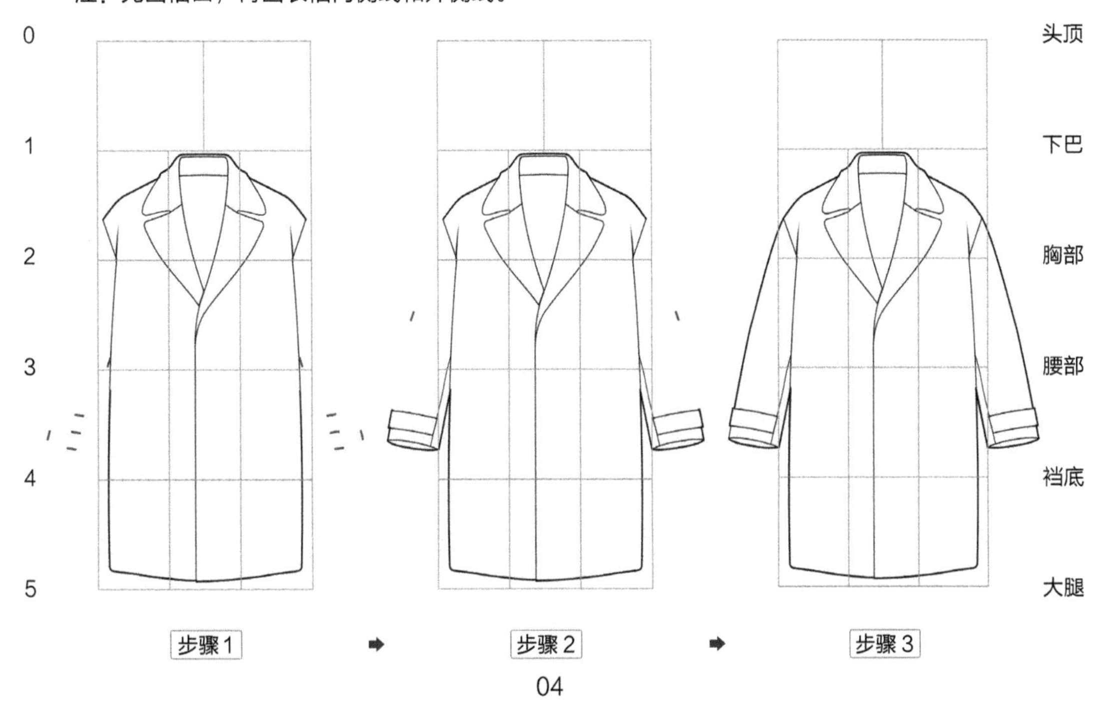

04

05 完成正面和背面款式图的绘制。用03号勾线笔勾勒外轮廓线条，用01号勾线笔勾勒内部线条（扣子、口袋、肩缝、省道），再用005号勾线笔绘制缝迹线（虚线）和衣纹，完成大衣正面款式图的绘制。最后参照大衣正面款式图的绘制过程，完成背面款式图的绘制。

05

5.5.2 大衣款式图赏析

5.6 裤子款式图绘制与赏析

男式的裤子主要有西装裤、休闲裤、运动裤和工装裤等几种款式。男裤板型较宽（大腿、小腿和裤脚较宽），且裁剪比较直，腰、臀、大腿曲线不明显。由于男女存在生理上的差异，决定了男裤前裆的凹势大于女性。

5.6.1 裤子款式图绘制实例解析

01 绘制比例等分格。根据8头身男性人体比例关系，用0.5mm的自动铅笔分步绘制出6头身的比例等分格。

注：步骤1中的两个正方形，可根据所绘制的款式图自定大小。

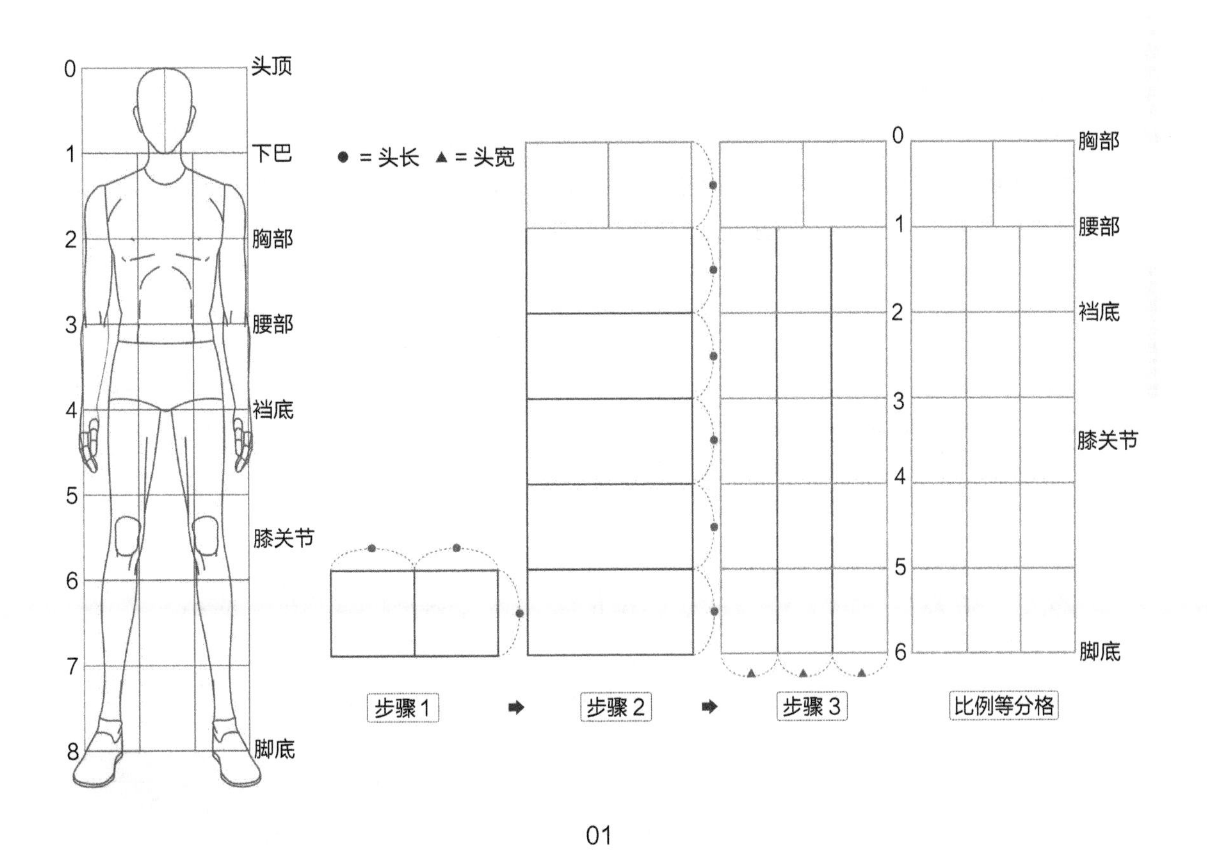

01

02 绘制裤腰头。根据裤腰头的特征，参考比例等分格，先确定裤腰头的定位标记点，再绘制出裤腰头。

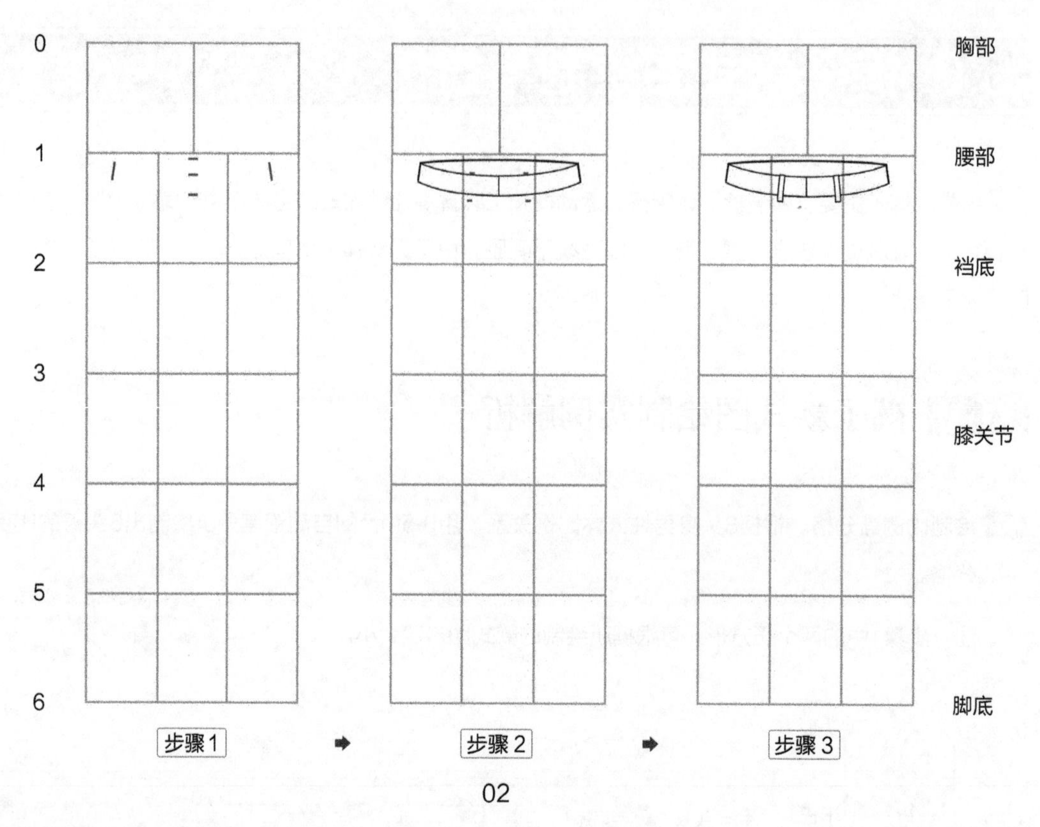

02

03 绘制裤腿。根据裤腿的廓形特征，参考比例等分格，先确定裤裆、左右脚口、裤腿长度和脚口宽度的定位标记点，再具体绘制出裤腿。

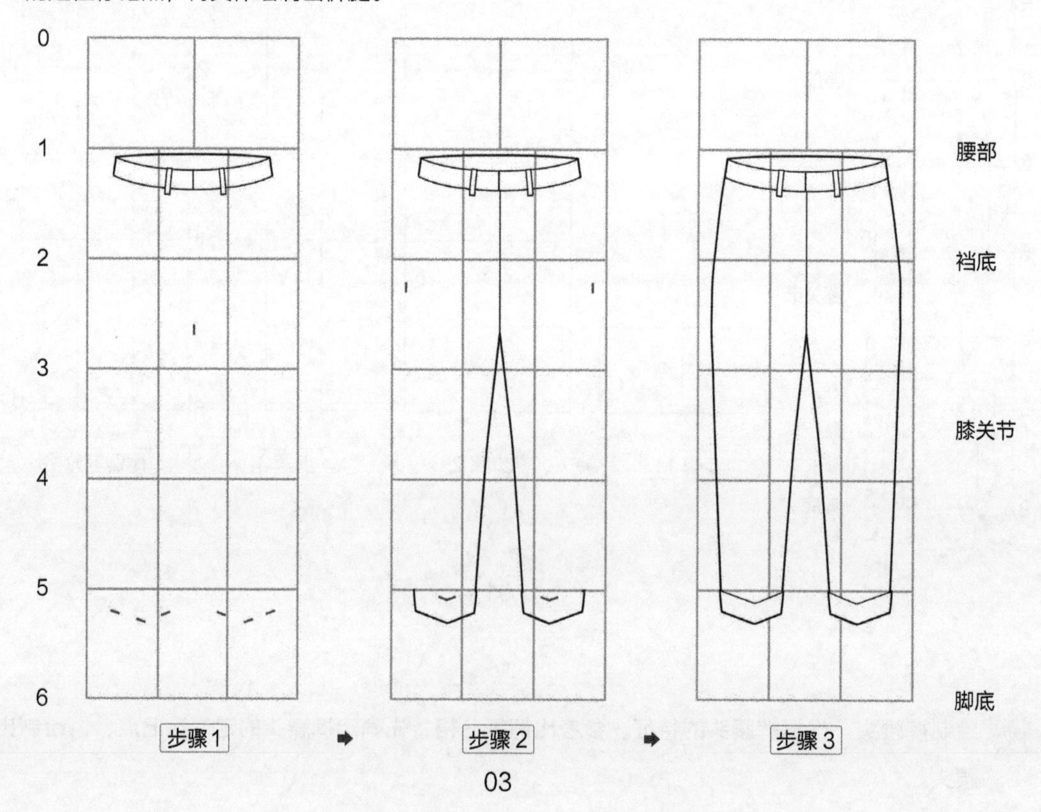

03

04 完成正面和背面款式图的绘制。用03号勾线笔勾勒外轮廓线条，用01号勾线笔勾勒内部线条（扣子、口袋、裤褶），再用005号勾线笔绘制缝迹线（虚线）和衣纹，完成裤子正面款式图的绘制。最后参照裤子正面款式图的绘制过程，完成背面款式图的绘制。

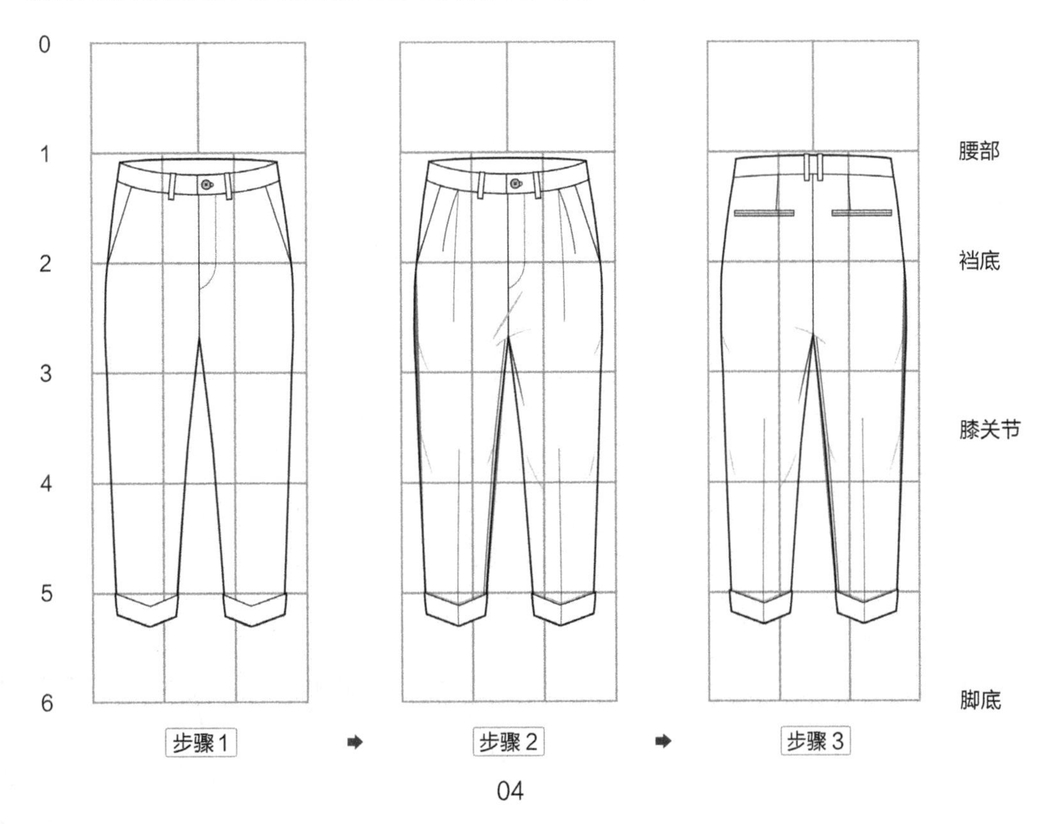

04

5.6.2 裤子款式图赏析

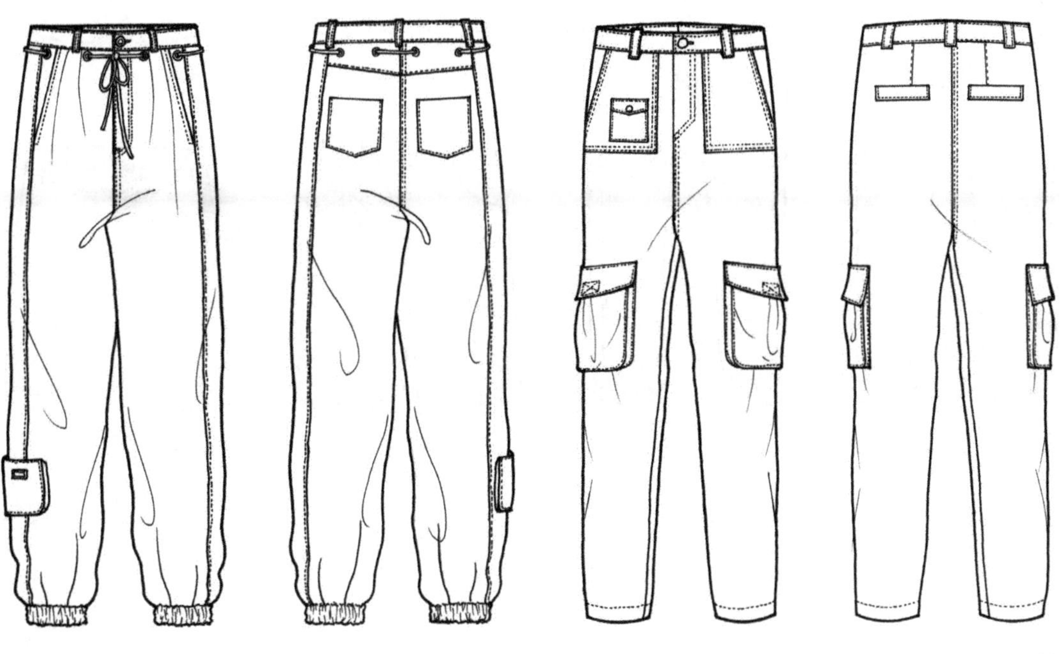

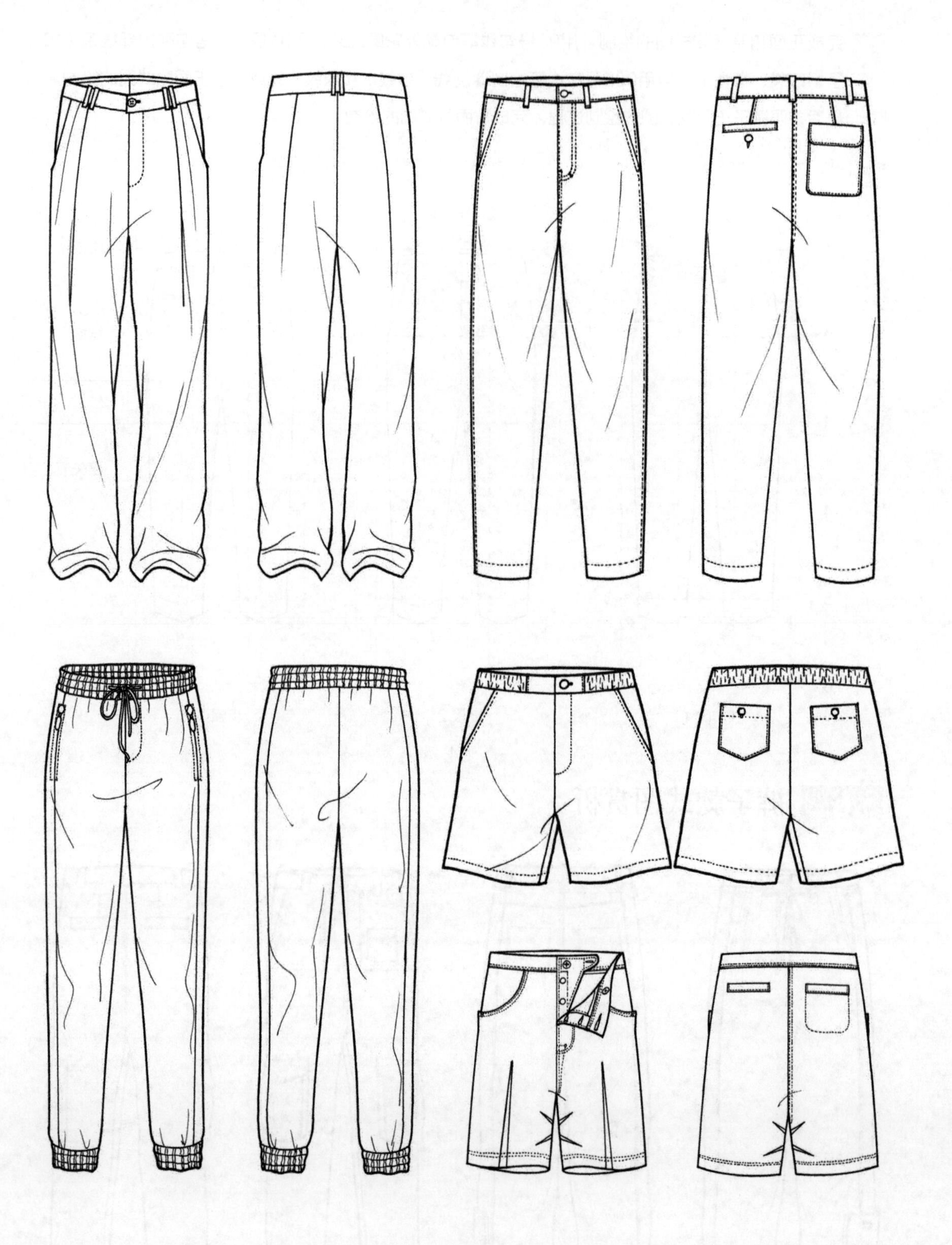

06

第6章 服装设计款式图绘制技法——童装篇

儿童服装简称童装，指适合儿童穿着的服装，按照年龄段分为婴儿装、幼儿装、小童装、中童装和大童装。婴儿装是指1岁以下婴儿所穿的服装，此时婴儿皮肤细嫩、头大体圆，服装款式应简洁宽松、易脱易穿，面料应以吸水性强、透气性好的天然纤维为宜；幼童装是指1～3岁幼儿所穿的服装，此时的幼儿活泼好动，服装款式应宽松活泼，以鲜艳、耐脏、耐磨的面料为宜。小童是指3～6岁的儿童，中童是指6～9岁的儿童，大童是指9～12岁的儿童，此时儿童男女有别，成长迅速，可选择的服装款式非常多样。本章采用徒手绘制法讲解正面和背面童装款式图的绘制方法。

6.1 儿童的身体比例关系

在学习绘制童装款式图之前，要先了解各年龄段儿童的身体比例关系。一般以儿童的肩宽为单位设定服装的长度。

儿童的连身装长度（肩部到脚踝）：幼童2.5个肩宽、小童3个肩宽、中童3.5个肩宽、大童4个肩宽。

儿童的上装长度（肩部到手腕）：幼童1.2个肩宽、小童1.3个肩宽、中童1.5个肩宽、大童1.6个肩宽。

儿童的下装长度（腰部到脚踝）：幼童1.8个肩宽、小童2.3个肩宽、中童2.5个肩宽、大童3个肩宽。

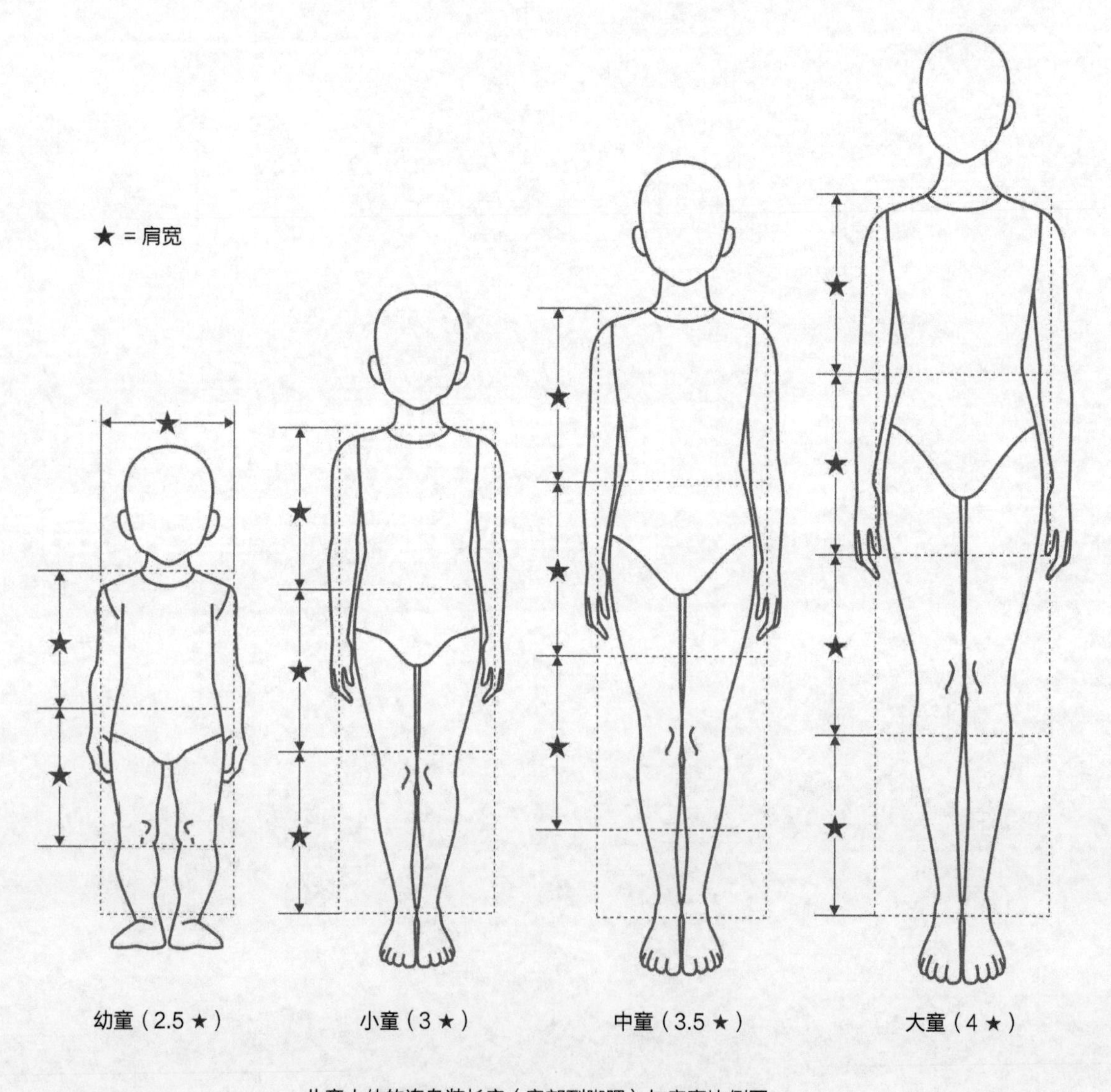

儿童人体的连身装长度（肩部到脚踝）与肩宽比例图

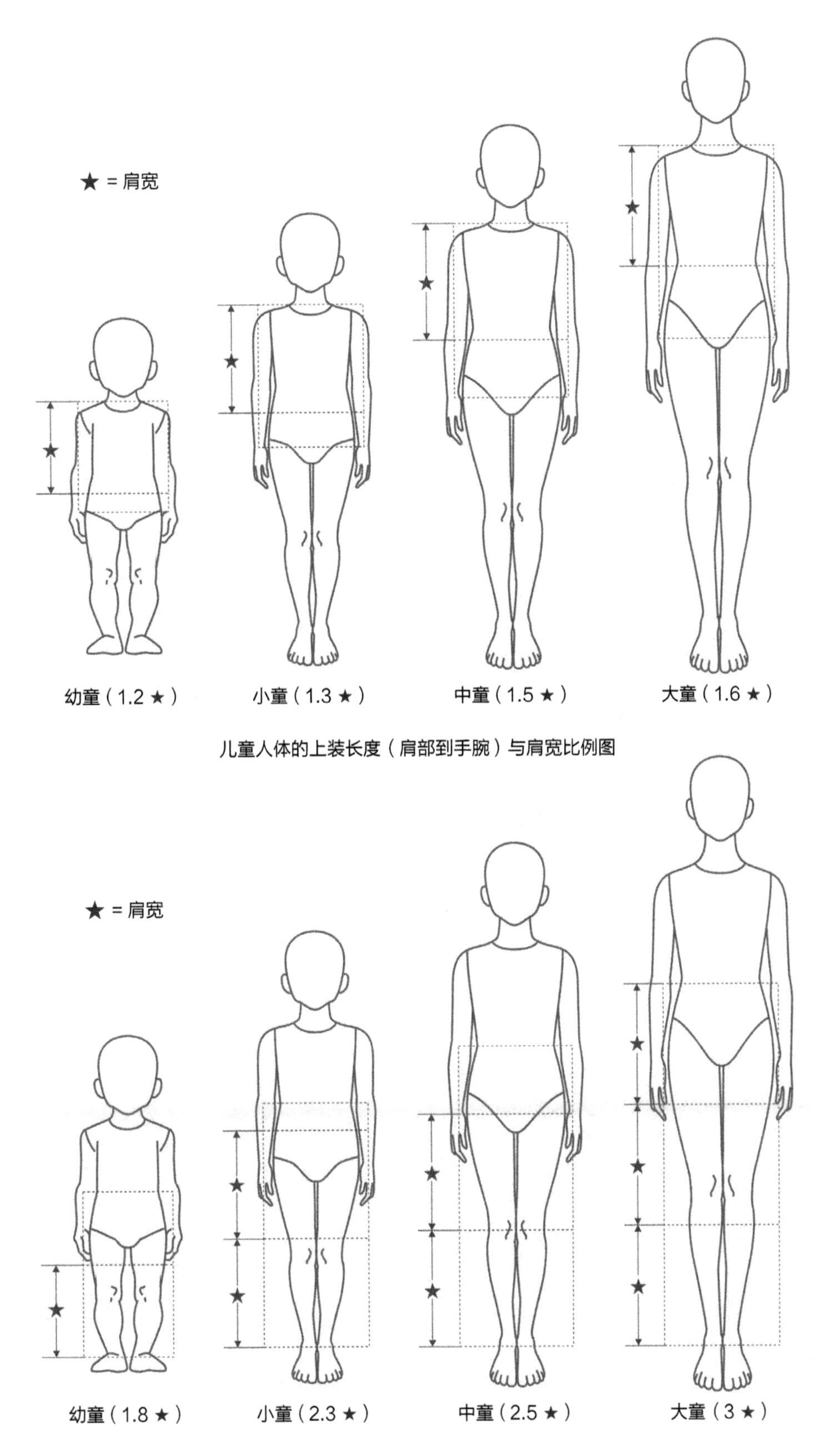

儿童人体的上装长度（肩部到手腕）与肩宽比例图

儿童人体的下装长度（腰部到脚踝）与肩宽比例图

6.2 T恤衫款式图绘制与赏析

童装T恤衫的款式主要参考宽松款型，并在此基础上增加有弧度的加长后摆和微微下移的肩缝，将运动风格与功能性相结合。穿脱便捷和舒适是童装T恤衫的设计重点。尝试用印花平纹针织纹理的面料或添加手工刺绣等方式，可以让童装T恤衫更有质感与童趣。

6.2.1 T恤衫款式图绘制实例解析

01 绘制领口。目测T恤衫的领口宽度与整体肩宽的比例关系，先绘制后领口线条，再绘制前领口线条，完成领口部位的绘制。

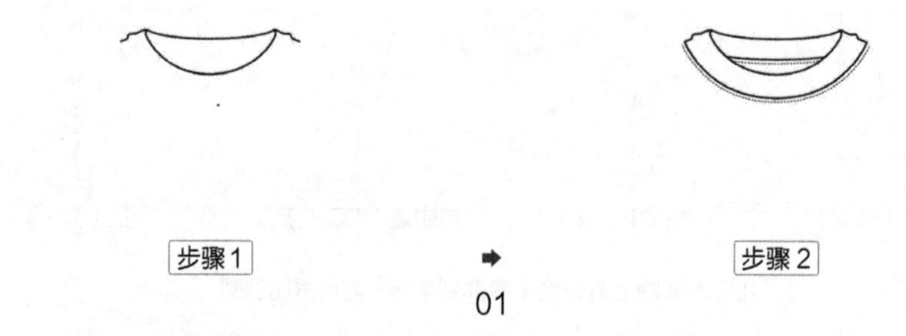

01

02 绘制衣身。根据幼童人体上装肩宽比例图可知，幼童衣身的长度为1.2个肩宽，完成衣身部位的绘制。

注：不同年龄段儿童的衣身长度不同，可根据幼童款、小童款、中童款、大童款采用相应的上装肩宽比例。

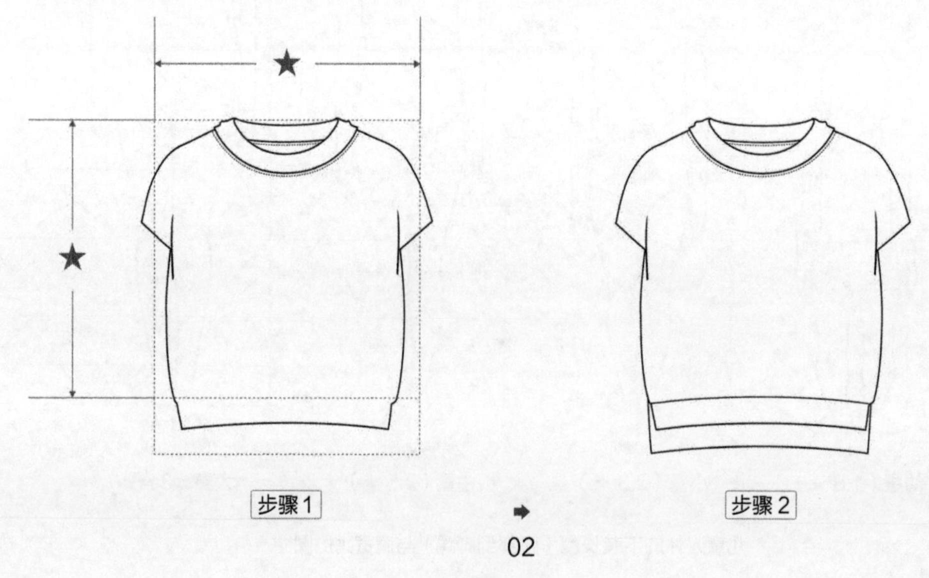

02

03 绘制衣袖。确定袖口的位置，并尽量做到左右袖口对称，完成衣袖部位的绘制。

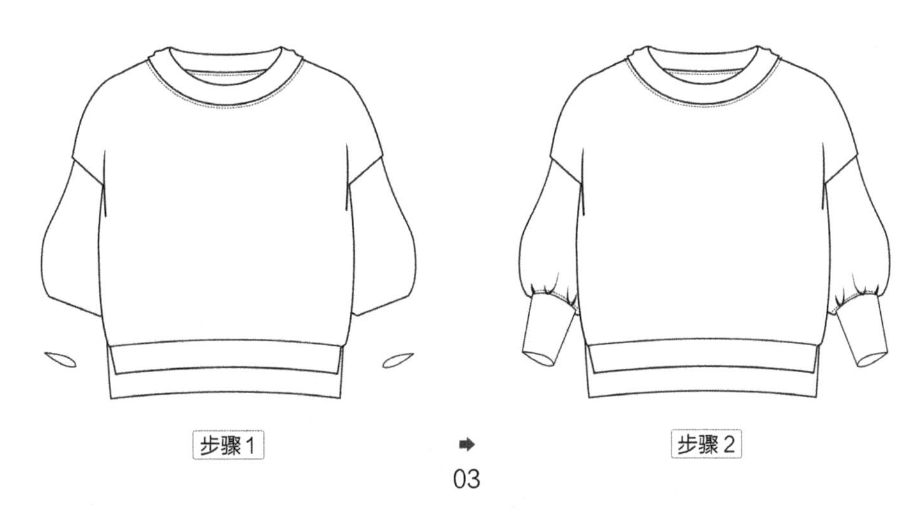

03

04 完成正面和背面款式图的绘制。用03号勾线笔勾勒外轮廓线条，用01号勾线笔勾勒内部线条和衣纹，再用003号勾线笔绘制缝迹线（虚线），完成T恤衫正面款式图的绘制。最后参照正面款式图的绘制过程和方法，完成背面款式图的绘制。

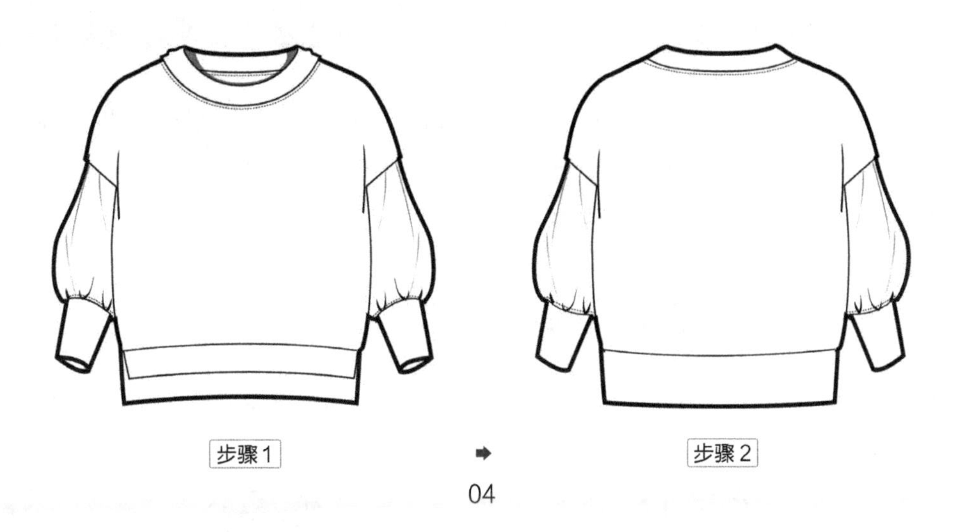

04

6.2.2 T 恤衫款式图赏析

6.3 衬衣款式图绘制与赏析

童装衬衣的款式主要为适身款和宽松款。便于儿童活动且具有较好的舒适度是童装衬衣的设计重点。由于衬衣有扣子，从穿脱和安全性上考虑，更适合小童以上的儿童穿着。童装衬衣一般会运用分割线、荷叶花边、牙签褶、抽绳、拼色和罗纹布等设计元素。

6.3.1 衬衣款式图绘制实例解析

01 绘制衣领。目测衬衣的领宽与整体肩宽的比例关系，先绘制领口线条，再绘制领片线条与门襟线条，完成衣领部位的绘制。

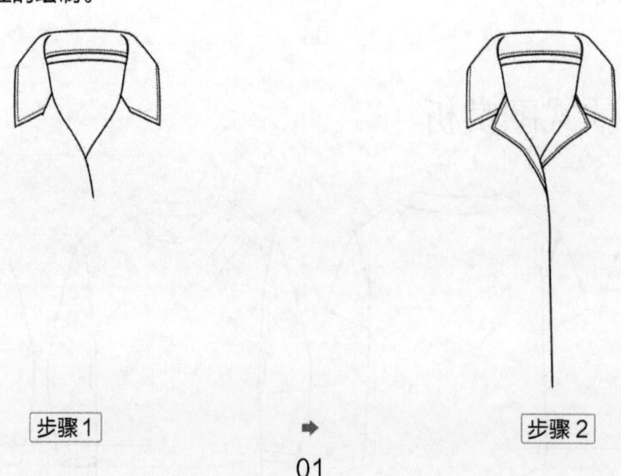

01

02 绘制衣身。根据小童人体的上装肩宽比例图可知，小童衣身的长度为1.3个肩宽。先绘制肩线、袖窿线和下摆线，再绘制侧缝线，完成衣身部位的绘制。

注：不同年龄段儿童的衣身长度不同，可根据幼童款、小童款、中童款、大童款采用相应的上装肩宽比例。

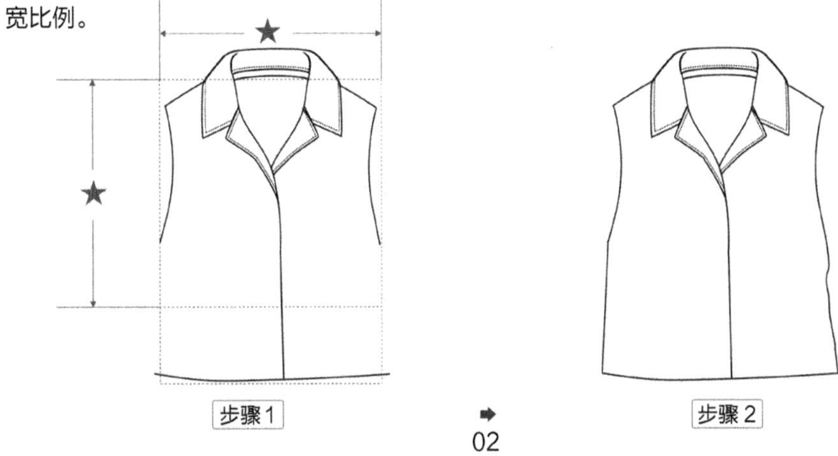

02

03 绘制衣袖。确定袖口的位置，并尽量做到左右袖口对称，完成衣袖部位的绘制。

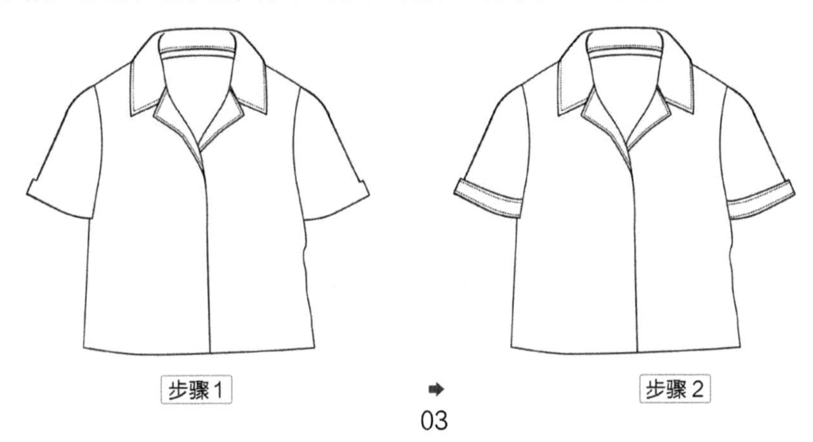

03

04 完成衬衣正面和背面款式图的绘制。用03号勾线笔勾勒外轮廓线条，用01号勾线笔勾勒内部线条（扣子、口袋、衣纹），再用003号勾线笔绘制缝迹线（虚线），完成衬衣正面款式图的绘制。最后参照衬衣正面款式图的绘制过程，完成背面款式图的绘制。

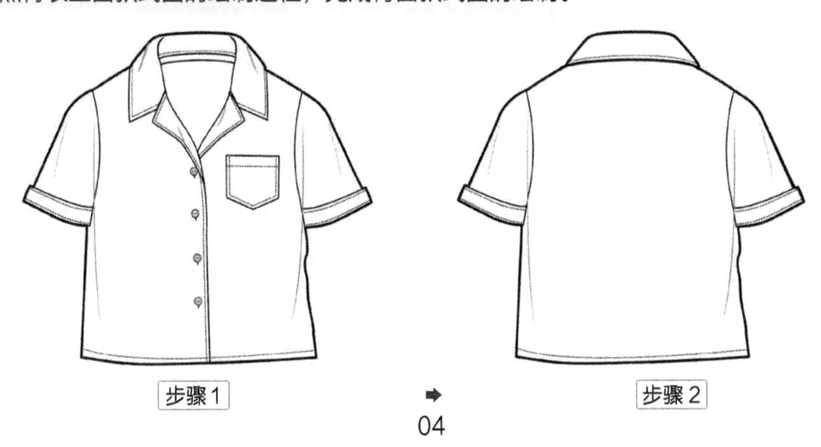

04

6.3.2 衬衣款式图赏析

6.4 外套款式图绘制与赏析

童装外套以适应户外活动的宽松款型为主，面料应选择结实、耐磨、易洗、易干的。款式造型设计强调活泼、健康、大方之感，要符合儿童的年龄和气质，避免过于华丽。工艺上采用缝明线，以求牢固。考虑到功能性的需求，口袋设计显得很有必要。

6.4.1 外套款式图绘制实例解析

01 绘制衣领。目测外套的领宽与整体肩宽的比例关系，先绘制领口线条，再绘制领片和门襟线条，完成衣领部位的绘制。

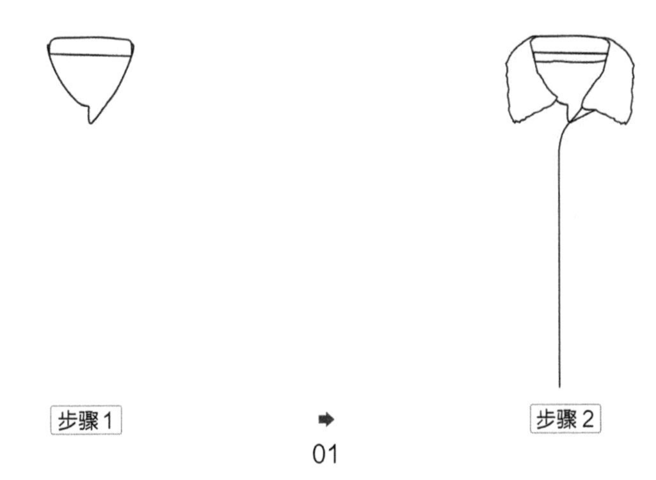

02 绘制衣身。根据幼童人体的上装肩宽比例图可知，幼童的衣身长度为1.2个肩宽。先绘制肩线、袖窿线和下摆线，再绘制侧缝线，完成衣身部位的绘制。

注：不同年龄段儿童的衣身长度不同，可根据幼童款、小童款、中童款、大童款采用相应的上装肩宽比例。

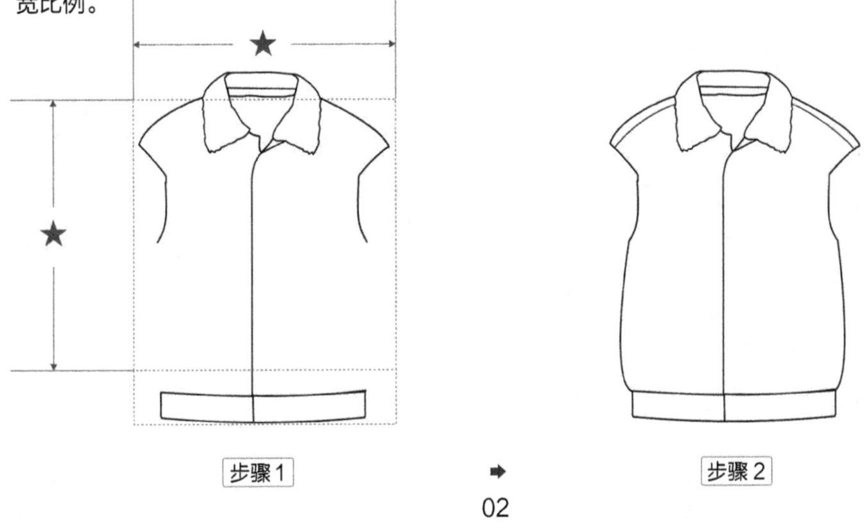

03 绘制衣袖。确定袖口的位置，并尽量做到左右袖口对称，完成衣袖部位的绘制。

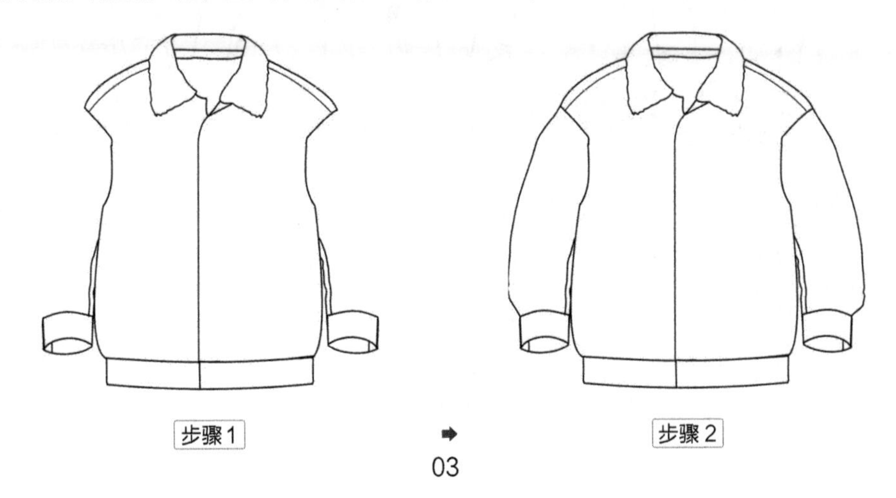

04 完成外套正面和背面款式图的绘制。用03号勾线笔勾勒外轮廓线条，用01号勾线笔勾勒内部线条（扣子、口袋、衣纹），再用003号勾线笔绘制缝迹线（虚线），完成外套正面款式图的绘制。最后参照外套正面款式图的绘制过程，完成背面款式图的绘制。

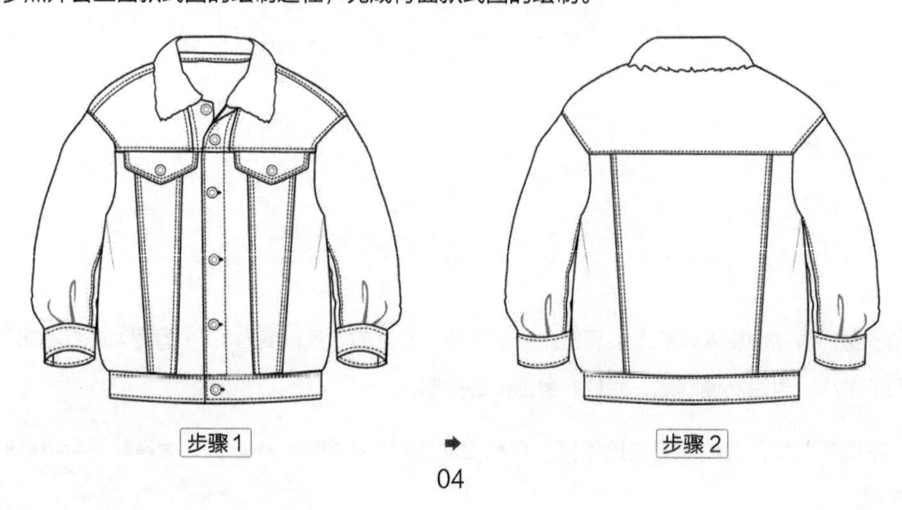

04

6.4.2 外套款式图赏析

6.5 大衣款式图绘制与赏析

童装大衣按衣身长度分为长款、中款和短款；按衣身廓形分为紧身型、适身型和宽松型。款式变化主要体现在领、袖、门襟、袋、下摆等部位。为了表现童趣，一般会把衣领、扣子、口袋等设计为动物、爱心、月牙、笑脸等外形，适合小童以上的儿童穿着。

6.5.1 大衣款式图绘制实例解析

01 绘制衣领。目测大衣的领宽与整体肩宽的比例关系，先绘制领口线条，再绘制领片和门襟线条，完成衣领部位的绘制。

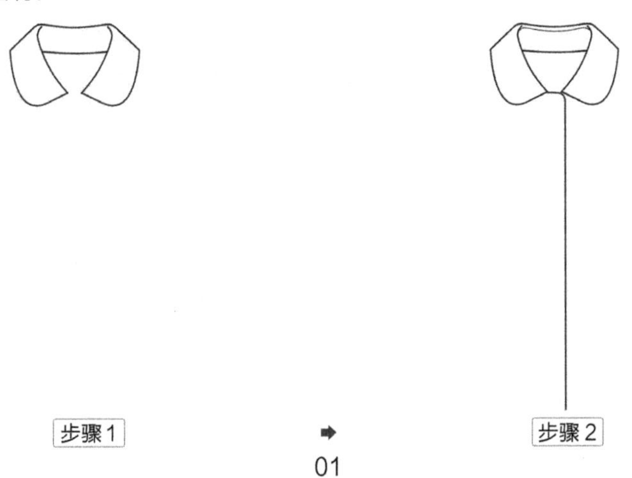

01

02 绘制衣身。根据中童人体的上装肩宽比例图可知，中童的衣身长度为1.5个肩宽。先绘制肩线、袖窿线和下摆，再绘制侧缝线，完成衣身部位的绘制。

注：不同年龄段儿童的衣身长度不同，可根据幼童款、小童款、中童款、大童款采用相应的上装肩宽比例。

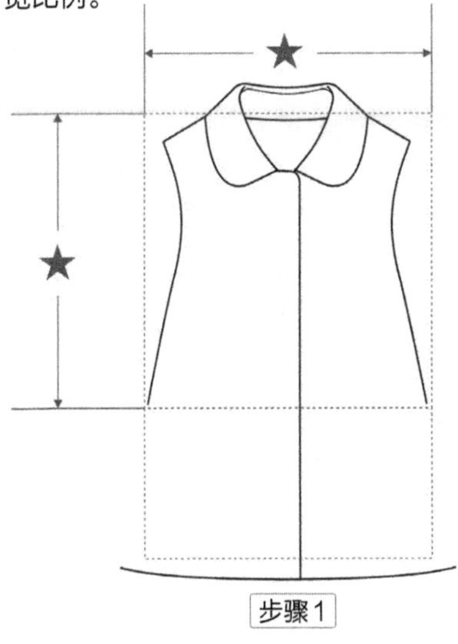

02

03 绘制衣袖。确定袖口的位置，并尽量做到左右袖口对称，完成衣袖部位的绘制。

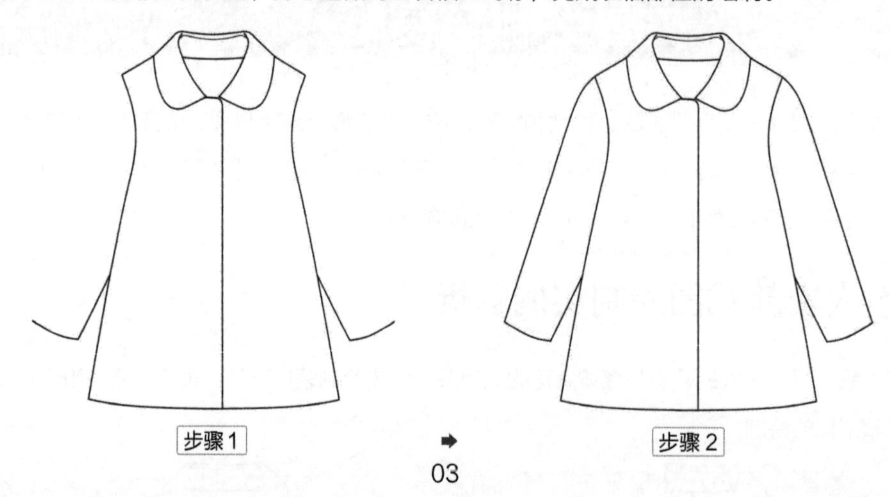

04 完成大衣正面和背面款式图的绘制。用03号勾线笔勾勒外轮廓线条，用01号勾线笔勾勒内部线条（扣子、口袋、衣纹），再用003号勾线笔绘制缝迹线（虚线），完成大衣正面款式图的绘制。最后参照大衣正面款式图的绘制过程，完成背面款式图的绘制。

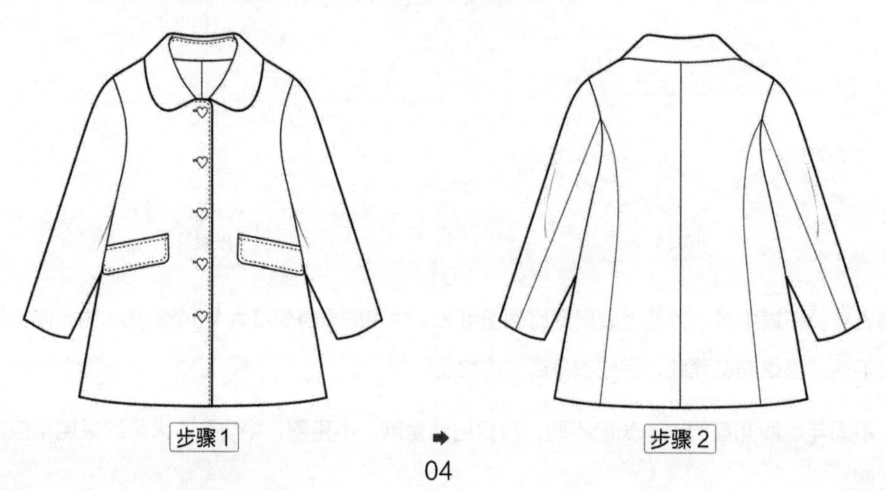

6.5.2 大衣款式图赏析

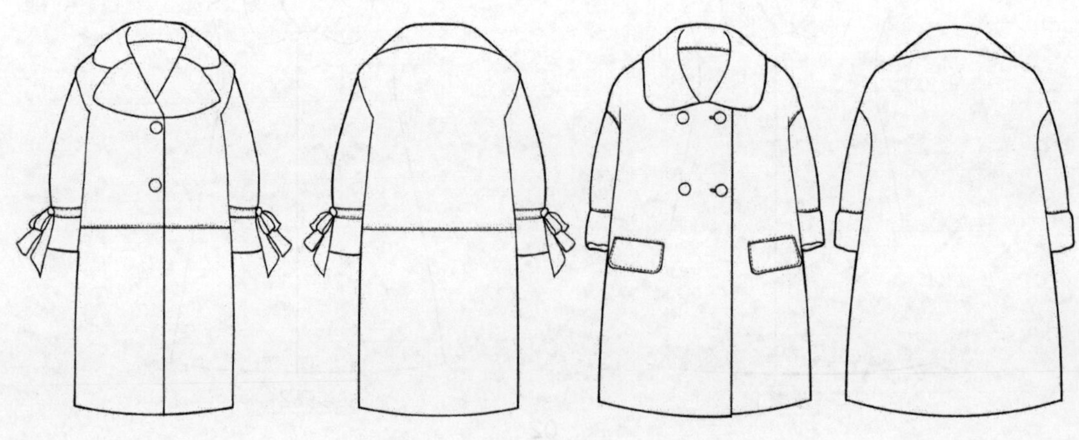

6.6 裤子款式图绘制与赏析

童装裤子按长度分为长款、中款和短款等，按廓形分为锥形、直筒形和喇叭形等。款式变化主要体现在脚口、口袋和裤裆等部位。为方便儿童穿脱，裤腰多采用松紧头。基于儿童的体型特点，有时会给童装裤子的腰头加上背带，或采用连体裤的设计方式。

6.6.1 裤子款式图绘制实例解析

01 绘制腰头。目测裤子腰头与整体肩宽的比例关系，先绘制腰口线条，再绘制腰带和松紧线，完成腰头部位的绘制。

01

02 绘制裤腿。根据小童人体的下装肩宽比例图可知，小童裤子的长度为1.8个肩宽。先绘制内侧线和脚口线，再绘制外侧缝线，完成裤腿部位的绘制。

注：不同年龄段儿童的裤长不同，可根据幼童款、小童款、中童款、大童款采用相应的下装肩宽比例。如果绘制连身裤，则需要参考童装人体连身装肩宽比例图。

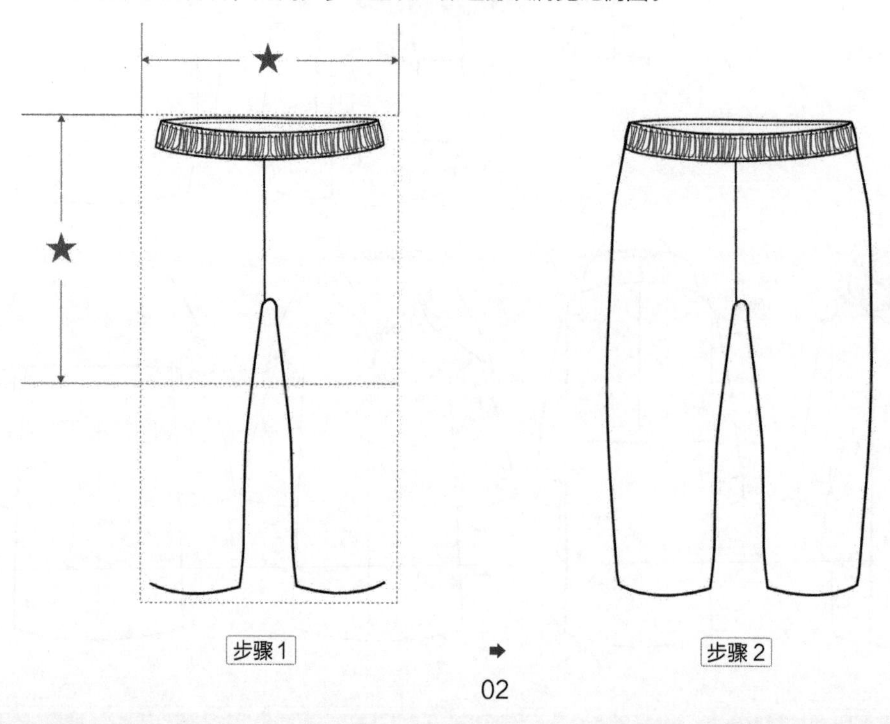

02

03 绘制口袋、脚口翻边等。确定口袋、脚口翻边的位置，并尽量做到左右对称，完成口袋、脚口翻边等部位的绘制。

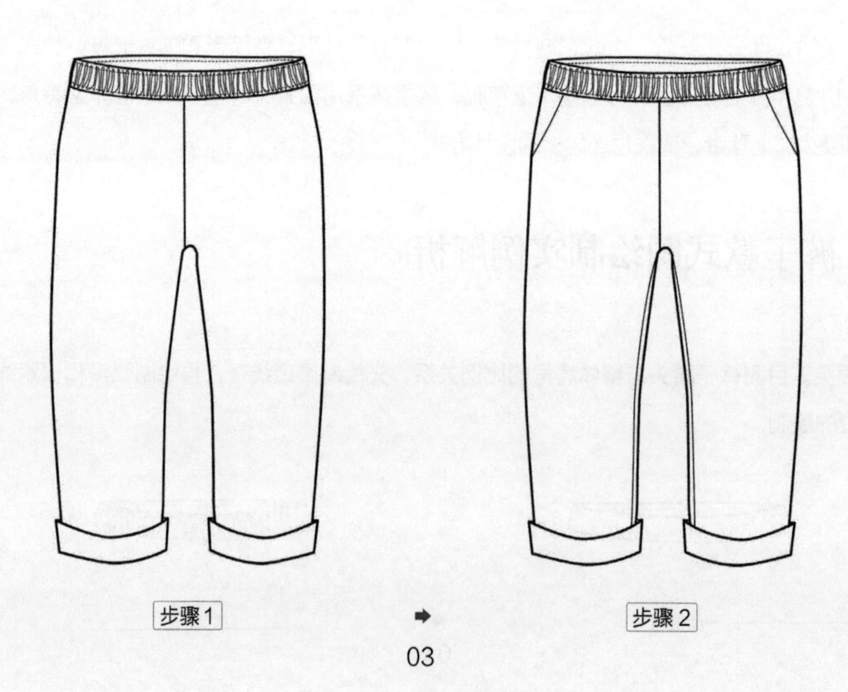

03

04 完成裤子正面和背面款式图的绘制。用03号勾线笔勾勒外轮廓线条，用01号勾线笔勾勒内部线条（口袋、合缝线、衣纹），再用003号勾线笔绘制缝迹线（虚线），完成裤子正面款式图的绘制。最后参照正面款式图的绘制过程，完成背面款式图的绘制。

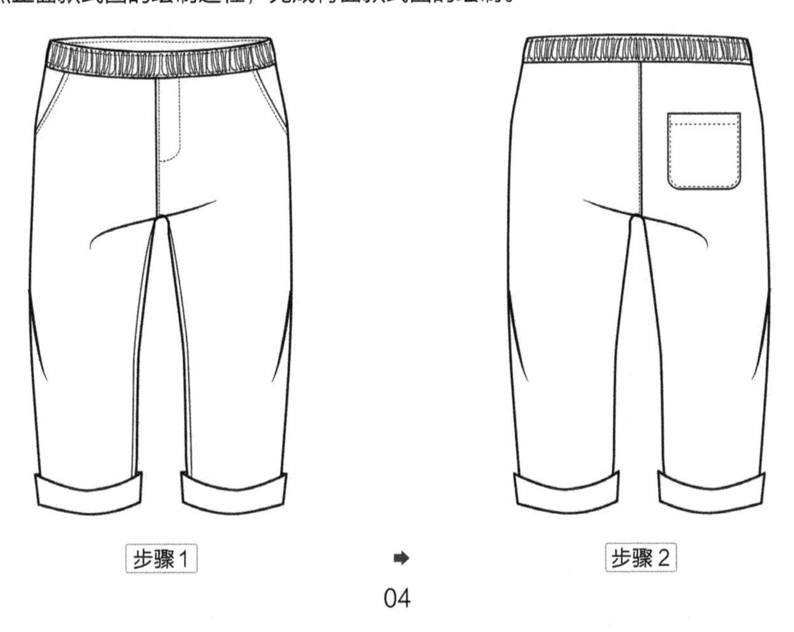

04

6.6.2 裤子款式图赏析

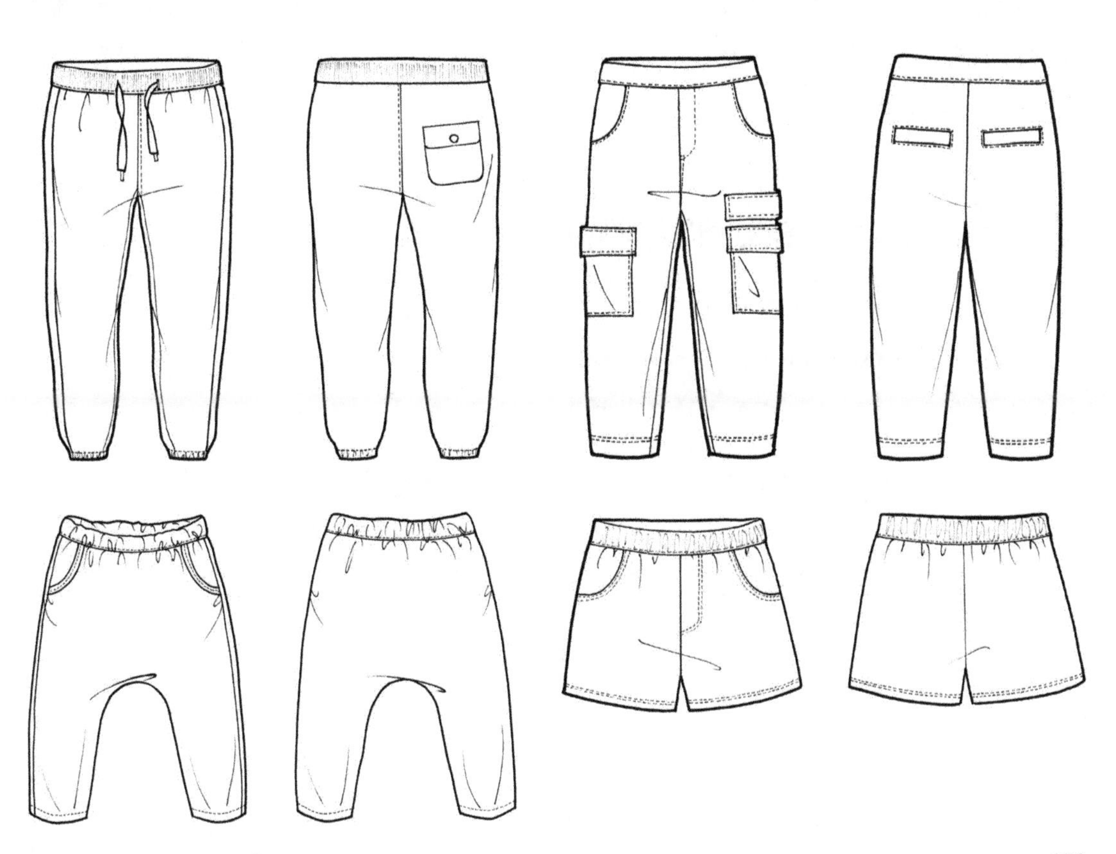

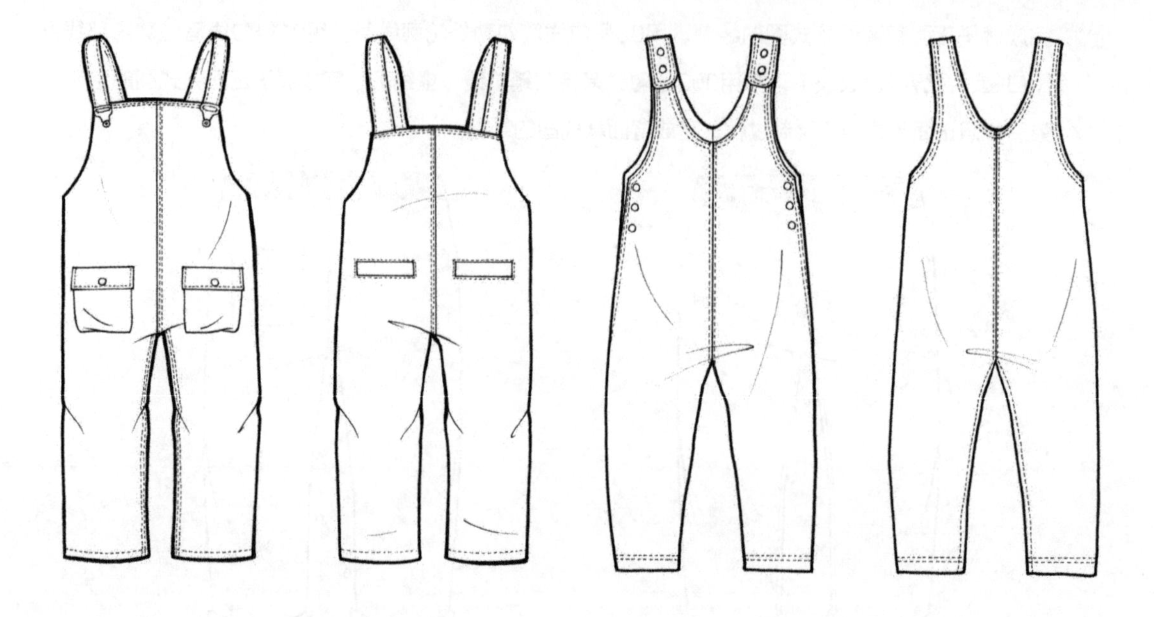

6.7 裙子款式图绘制与赏析

童装裙子主要分为半身裙和连衣裙两类。按长度分为长、中、短3种；按廓形分，主要有A字形、直身型、鱼尾裙等。款式变化主要体现在领口、裙摆和腰头等部位。为方便儿童穿脱，裙腰多采用松紧头。为体现女孩子甜美、可爱的一面，连衣裙款式是不错的选择。

6.7.1 裙子款式图绘制实例解析

01 绘制肩带。目测左右肩带的间距与整体肩宽的比例关系，根据V字形领口的特征绘制交叉的肩带线条，再绘制袖窿处的肩带线条，完成肩带部位的绘制。

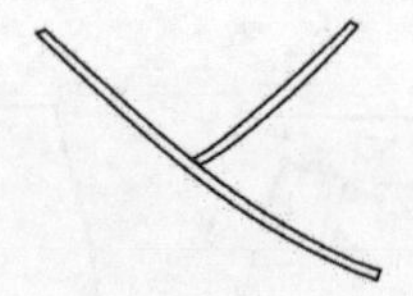

步骤1

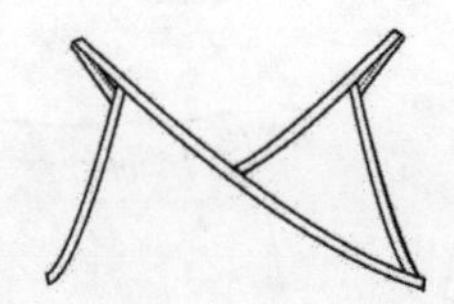

步骤2

01

02 绘制裙身。根据中童人体的下装肩宽比例图可知，中童人体大腿中部的长度为2个肩宽，再参考大腿中部位置确定裙子的长度。先绘侧缝线再绘制裙摆线，完成裙身部位的绘制。

注：不同年龄段儿童的裙长不同，可根据幼童款、小童款、中童款、大童款采用相应的下装和连身装的肩宽比例。

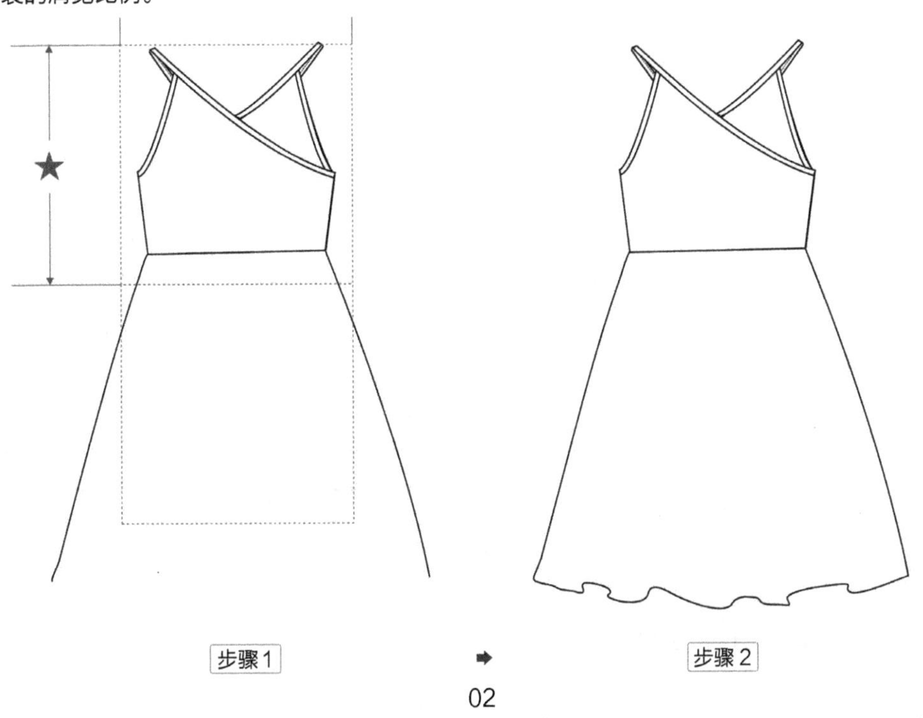

02

03 绘制花边。在腰部分割线和裙子下摆部位绘制花边。

03

04 完成裙子正面和背面款式图的绘制。用03号勾线笔勾勒外轮廓线条，用01号勾线笔勾勒内部线条（合缝线、衣纹等），再用003号勾线笔绘制缝迹线（虚线），完成裙子正面款式图的绘制。最后参照正面款式图的绘制过程，完成背面款式图的绘制。

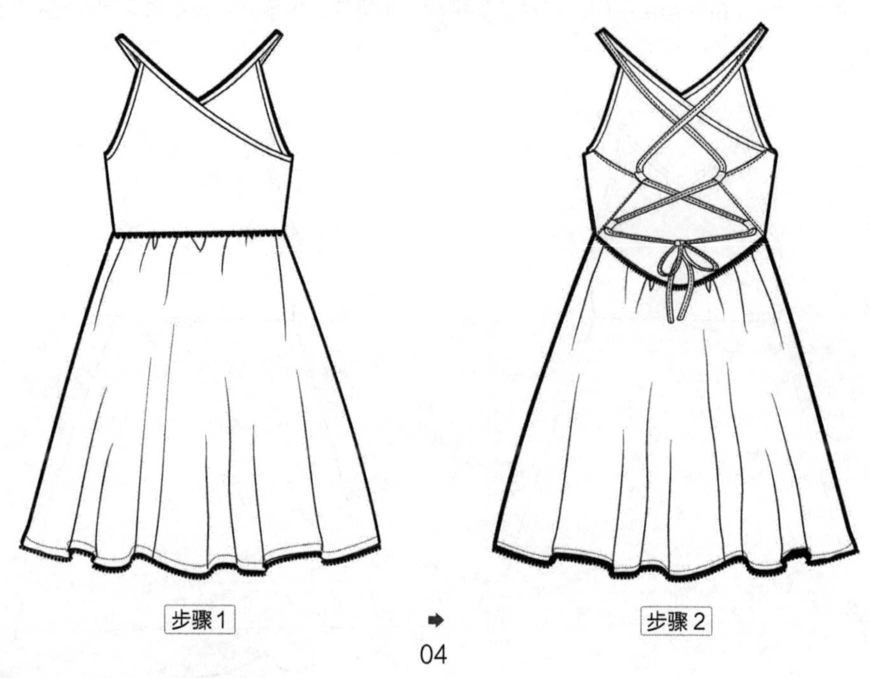

步骤1 ➡ 步骤2

04

6.7.2 裙子款式图赏析